食用菌工厂化栽培学

李长田　李　玉　主编

U0227837

科学出版社

北　京

内 容 简 介

食用菌工厂化的对象包括工厂化的品种、工厂化的工艺及设施。食用菌工厂化涉及生物、作物、信息技术、智能制造、电子、机械、农林渔牧、环境保护等领域,与经济有着极其密切的关系,特别是对农业和工业革命、合成生物、智慧农业有着重要的意义。本书概述了工厂化食用菌的生物学基础;详述了工厂化食用菌栽培技术及食用菌工厂化生产的条件;介绍了红平菇、金针菇、杏鲍菇和白灵菇4种食用菌的具体栽培技术。

本书可作为高等院校食药用菌学、微生物学、食品工程学、植(森)保学、资源学、农学、环境科学和林学等专业大学本科和研究生的教材或教学参考书,也可供食药用菌生产等领域的专业技术人员阅读。

图书在版编目 (CIP) 数据

食用菌工厂化栽培学/李长田, 李玉主编. —北京:科学出版社, 2021.6
ISBN 978-7-03-067709-9

Ⅰ. ①食… Ⅱ. ①李… ②李… Ⅲ. ①食用菌–蔬菜园艺 Ⅳ. ①S646

中国版本图书馆 CIP 数据核字(2020)第 262193 号

责任编辑:马 俊 付 聪 赵小林 / 责任校对:郑金红
责任印制:赵 博 / 封面设计:刘新新

科 学 出 版 社 出版
北京东黄城根北街 16 号
邮政编码:100717
http://www.sciencep.com

北京凌奇印刷有限责任公司印刷
科学出版社发行 各地新华书店经销

*

2021 年 6 月第 一 版 开本:720×1000 1/16
2024 年 7 月第三次印刷 印张:10 1/2
字数:212 000
定价:128.00 元
(如有印装质量问题, 我社负责调换)

《食用菌工厂化栽培学》编写委员会

主　编：

　　李长田　李　玉

编　委（按姓氏笔画排序）：

　　王　琦　亓　宝　田风华　田恩静　付永平

　　包海鹰　邢晓科　朴　燕　朱兆香　全创成（韩国）

　　会　见（日本）　刘　朴　刘　兵　刘　洋

　　刘自强　刘晓龙　刘淑艳　许彦鹏　孙　月

　　孙　文　苏　玲　李　丹　李　壮　李　晓

　　李艳双　吴　楠　何晓兰　宋　冰　宋　慧

　　宋卫东　张　波　陈梁城　范冬雨　范宇光

　　林　佩　郑雪平　姚方杰　贾传文　徐济责

　　舒黎黎　曾　辉　蔡小龙　颜正飞　冀瑞卿

　　霜　村（日本）

资料整理：

　　姚　澜　吕建华　段　超　范冬雨　赵震宇　张　晨

绘　图：

　　李长田　李晓红　吴　楠

前　　言

　　我国食用菌产业的历史可以追溯到公元 1 世纪，当今世界商业化栽培的食用菌，绝大多数起源于我国。我国是农业大国，食用菌产业现已成为我国农业中的一个重要产业，是种植业中仅次于粮食、蔬菜、果树、油料的第五大产业。1978 年我国食用菌年产量只有 5.7 万 t，到 2019 年已近 4000 万 t，增长了约 700 倍，这在全球是绝无仅有的。在我国整个脱贫攻坚过程中，全国有 70%～80% 的国家级贫困县首选食用菌种植，并通过食用菌行业实现脱贫致富。食用菌产业是我国农林经济中具有较强活力的新兴产业，也成为贫困地区农民脱贫致富的重要途径。

　　曾有人误以为工厂化会带来食用菌产品的过剩，其实食用菌的产品过剩与食用菌工厂化没有必然的关系。目前，80%的食用菌仍然来源于无序的季节性农法栽培，无序性栽培和超大规模工厂化之间的矛盾加剧了食用菌价格波动及某些品种产品过剩。

　　曾有人误以为工厂化食用菌不是自然界中生长出来的，是从瓶瓶罐罐中生长出来的，是非自然、转基因或有化学污染的。其实，工厂化食用菌有属于它们的净化环境，吸收的是纯净水，呼吸的是净化的空气，原料（如秸秆、木屑、玉米粉等）也都来自自然界。

　　也曾有人误以为工厂化生产一定要做体量大的生产。从目前来看，的确是大多数规模更大的工厂会"碾压"规模较小的工厂。但从长远技术层面来看，适应市场的产品在不断地变化和升级，单个工厂化规模太大，易导致运营不合理。食用菌工厂化企业的运行与发展依靠团队精神与团队力量、资金汇集、技术含金量、管理和营销策略等。规模适应品种、技术、资本、管理的变化，才是企业生存之道。

　　食用菌行业已经发展到精准化生产的工业阶段，目前达到了其他许多作物无法比拟的工业化程度，其生产性状的稳定性、生产周期的准确性、工艺流程的标准性、生产过程的智能化都显示了工厂化生产食用菌的高科技水平。工厂化是食用菌发展的必然。本书介绍的食用菌工厂化正是这样，即是人工模拟生态环境，通过对温度、湿度、通风和光照等条件进行控制，形成集智能化控制、自动化机械作业于一体的新型生产方式，是多学科知识综合交汇在厂房、车间内的农业耕作技术的新型体现。食用菌工厂化产业已被公众誉为"蘑菇工业"，在专业化生产方面发展十分完备，分工十分明确，规模效益也十分惊人。

　　经过十多年酝酿，食药用菌教育部工程研究中心团队在吉林农业大学首创本、硕、博的食用菌人才培养系统，也首开了"食用菌工厂化"这门课程。参与本书编写的单位有山东农业大学、沈阳农业大学、贵州大学、河北大学、青岛农业大学、鲁东大学、山西农业大学、黑龙江八一农垦大学，同时也得到了中国农业大学、南京农业大学等相关专家的支持。希望本书可为食用菌工厂化发展提供一定的支持和帮助，也希望各位专家和学者批评指正，完善补充，为中国食用菌产业贡献力量！

李　玉

中国工程院院士

2020 年 12 月

目　　录

第1章　绪　　论

1.1　食用菌工厂化的发展方向

广义上的食用菌工厂化是指食用菌的部分生产过程能够智能化、自动化、机械化、规模化的栽培方式；狭义上的食用菌工厂化是指能够提供适宜食用菌生长的环境，按不同阶段处理流程工艺、定时定量地周年生产，达到集智能化、自动化、机械化、规模化于一体，不受季节性影响的连续栽培（李长田等，2019a）。广义与狭义概念的主要区别是能否定时定量地周年生产。传统的农法食用菌栽培，与工厂化主要的区别在于规模小和效率差。无论广义上还是狭义上的食用菌工厂化都是相对的，还须进一步完善，如采收等还处在待商业化阶段。

食用菌工厂化是利用现代工程技术和先进设施、设备，人工控制食用菌生长发育所需要的温度、湿度、光照、气体等环境条件，使生产流程化、技术规范化、产品均衡化、供应周年化，采用工业化生产和经营管理的方式进行食用菌生产（宋卫东等，2011）。食用菌工厂化是多学科知识和技能在食用菌生产上的综合应用。

根据食用菌生长发育所需要的条件，首先对先进科学技术进行整合，实现由手工操作向机械化作业、由自然生长向可控性生长的转变。通过设施利用、智能管控、技术嫁接，从而最大限度地节约成本、节省耕地、提高品质、增加效益。食用菌整合技术是一项系统且十分复杂的跨行业性综合技术工程，它涉及农业、林业、建筑、管理、机械、电子信息、食品卫生和安全等多门学科及专业领域，其核心是对多门学科的整合应用。可以说，如果离开了集成技术工程，食用菌工厂化生产可能不会实现（黄伟，2010）。

近年来，在各级政府和各地科研单位的大力支持下，食用菌产业通过利用现代科学技术和信息技术，转变传统模式等方法，以科技创新推进食用菌工厂化发展，使食用菌工厂化生产对集成技术的应用有了很大提高。另外，一些科研单位和院校借助国家对研发体制的改革，加快研究与产业化的科技支撑体系建设，在创新机构、创新基地、创新机制、创新资源和创新环境的基础上，建立起了新型的产业科技管理体制和运行机制，一批高效精干、具有创新精神的队伍逐步走向成熟，集成化技术应用成果在国内食用菌工厂化生产中开始显现，并迈向新的阶段（黄伟，2010）。

1.1.1 食用菌工厂化特征

食用菌工厂化是最具有现代农业综合特征的产业化生产方式之一，它以提高食用菌生产效益为核心（王瑞娟，2007），以大幅度提高劳动生产率、产出率、商品率为目标（黄毅，2013）。食用菌工厂化具有如下 4 个主要特征。

1. 生产周期化，产品立体化

要实现食用菌工厂化生产，就必须与农法栽培区分开，克服农法"靠天吃饭、产量不稳定、受季节限制"的缺点；依靠机械化生产和自动化控制食用菌生长环境来达到食用菌产量的稳定。另外，对食用菌产品进行后续精包装或者进行深加工，建立产品多样化输出渠道，将很大程度上提高经济效益。

2. 设施现代化，设备智能化

随着原材料成本和劳动工人成本的不断增加，用智能机械化设备代替人工劳动已经成为很多食用菌工厂化生产企业行之有效的手段。在发展较快的东部沿海地区，"机器换人"在食用菌工厂化中得到了大力推进。要实现食用菌工厂化生产，提高生产效率和经济效益，就必须使用现代科学技术手段，而科学技术的使用都是依靠现代化设施和智能化设备来完成的，因此必须装配先进的生产设施和设备。例如，菇房必须有保温、调光、通气等保护设施和经济有效的控温、控湿等配套设备（陈新森，2015）。

3. 工艺流程化，技术规范化

要实现产品质量均衡化，按计划批量生产出符合规格的食用菌产品，必须制定科学合理的生产技术规程或技术标准（包括菌种、原材料、生产操作规程、产品分级直至产品包装、运输、上货架的整个生产过程的规范要求），以及确保实现技术标准的工艺流程和相应的操作条件，而这些规程、标准和条件的选用都是依据食用菌的生物学特性和生长发育的规律进行的。

4. 生产管理科学化

要想达到食用菌工厂化生产的最佳效果，就必须建立科学的生产管理体系（杜娟，2020；王耀中和邓迪斯，2020），以保证生产工艺和生产规程的切实执行。生产管理体系包括工作标准和管理标准，重点在于培训专业人员，规范生产过程，及时进行信息反馈并调整，使整个生产环节始终处于符合标准要求的稳定可靠状态。

1.1.2　食用菌工厂化优点

食用菌工厂化是综合多学科建立起来的新型的食用菌生产模式,具有省钱、省地、省时、省力及高效益、高品质、高循环等优点,具体如下。

(1)栽培原料主要是不易降解的农业废弃物。这些农业废弃物经过食用菌的分解利用,残渣还可以作为绿色有机肥还田,可以增加土壤肥力,改善土壤环境,使农业废弃物得到充分循环利用(于海龙等,2014),这样既降低了生产成本,又能变废为宝,获得良好的经济效益(范冬雨,2021)。

(2)食用菌工厂化生产等量产品所需要的土地面积仅为传统模式的1%,劳动力人数仅为传统模式的 2%(业内统计数据算出)(刘文科和杨其长,2013),在很大程度上节约了土地资源和人力资源。

(3)生产过程不使用任何农药和化学添加剂,从源头拒绝有害物质,确保食品安全(王志春等,2014)。

(4)食用菌工厂化生产是周年化循环,能够做到全年不间断供货,彻底解决了传统季节性生产与市场全年不间断需求之间的矛盾(上海蔬菜食用菌行业协会,2012)。

(5)标准的生产流程,保证优质产品。食用菌工厂化具有生产环境、生产设备、原材料、生产过程质量控制、人员、储运、出厂检验、包装、进货验收等各项管理制度,可保证产品生产加工工艺流程科学、合理,生产加工过程严格、规范。其中,优质产品通过高标准的包装加工,可销往国内外高端市场。

1.1.3　食用菌工厂化现状与分析

食用菌工厂化最早出现在双孢菇的栽培中,距今已有 70 年。欧、美是食用菌工厂化栽培最早、规模最大、技术最先进的地区。1947 年,荷兰人在控制温度、湿度和通风的条件下栽培双孢菇,由此开始了草腐菌工厂化生产。后来美国、德国、意大利等也相继实现了双孢菇的机械化和工厂化生产,而且专业化程度较高,培养料堆制、菌种制作、栽培管理、销售和加工等分别由不同的专业公司完成(余荣等,2006)。20 世纪 50 年代,日本创建了金针菇等木腐菌瓶栽的工厂化生产模式。80 年代,韩国和我国台湾地区相继引进日本工厂化生产模式,并根据自身实际条件进行改进,使生产规模不断扩大,栽培技术也日益成熟。

我国大陆的食用菌工厂化生产起始于 20 世纪 80 年代,有关部门和省份从美国、意大利等先后引进了 9 条大型的双孢菇工业化生产线,但是由于技术、市场和管理等问题,8 条没能运作,工厂化生产一度处于低潮。90 年代以来,随着经济发展和市场条件的成熟，国内再次掀起了金针菇、杏鲍菇、斑玉蕈等木腐菌工厂化生产投资的热潮（张军，2013）。除日本一些独资、合资企业陆续在我国投资建厂外，我国不少企业（如广州番禺和昌养菌场有限公司、上海浦东天厨菇业有限公司、上海丰科生物科技股份有限公司、北京天吉龙食用菌有限公司等）也陆续投资进行食用菌工厂化生产。我国在学习借鉴国外成功经验的基础上，将引进设备和自创技术相结合（谢福泉，2010），先后获得了成功（李长田等，2019a）。

近年来，我国食用菌产业迅速发展，已成为仅次于粮食、蔬菜、果树、油料的农业第五大种植业（李雪飞等，2019；文留坤等，2017；蒋磊，2016），目前正处于工厂化生产替代传统栽培模式的过渡时期，由产能低下到产能优化，由管理粗放到管理精细，食用菌工厂化企业将进一步做大做强，努力赶超食用菌工厂化发达的国家（郝兴霞，2016）。食用菌工厂化生产需要较高的生产技术，菌种的选育、保藏及栽培生产等均需要丰富的经验，加之购买的菌种会出现适应性差、遗传功能退化快等现象，这就需要加快专业人才的培养进度，增加人才储备。

目前，我国食用菌工厂化生产正处于蓬勃发展的大好时期，我们要抓住机遇使其持续发展（黄毅和林金盛，2017）。在发展过程中必须注意以下几个问题。

1) 依据市场运行需求和运行规律来发展工厂化生产

食用菌企业需要通过专业的市场调研了解食用菌产品的市场需求，不仅要统计超市、食用菌批发市场等的食用菌销售量，还要对消费者进行调研，多方面分析食用菌产品的实际需求量。食用菌产品的消费对象广泛，各年龄阶层都能食用，同一产品又分为多个等级，如果不做市场细分，对不同年龄、不同性别、不同收入、不同职业消费者不加以区分，就会失去产品的特点和优势（张新新等，2011）。所以要根据各类消费者的消费能力及各种产品的销量、需求量和生产成本，确定工厂化生产的规模、产品销售途径和工厂发展计划。

任何产品想要长久受到消费者的喜爱与支持，首先应保证产品的质量。食用菌工厂化就是根据食用菌的生物学特性，利用特殊手段使食用菌产品实现品质上乘、产量与质量稳定的生产过程。因此，食用菌企业在生产线设计之初，就应精密设计生产的各个环节，以确保产品品质。

食用菌产品的销售情况是工厂能否盈利的关键，产品的品质、价格、知名度及包装等多种因素都会影响销售情况，最终在价格和销量上得以体现。新的食用菌产品虽然在品牌知名度和产品销量方面都不如市场上现有的强势品牌，但在产品的品牌定位、目标市场、产品卖点、品牌宣传、产品包装设计和市场销售策略等方面完全可能超过同类知名品牌。只有具备这样的营销策划功力和思考深度，把营销策划的每一个细节做到最好，才可能成功地在市场中占有一席之地。

2）大力培植和发展符合我国国情的食用菌工厂化生产模式

近几年，国家大力推行惠农政策，食用菌行业作为新兴农业，可以通过争取项目扶持来加大科研投入，组建国家级的科研队伍，与地方密切合作、共同实施，开发研制符合我国国情的食用菌工厂化新模式（黄伟，2010）。例如，食用菌生产机械化和管理智能化的应用研究，要通过多学科融合才能实现，而不是单凭某一个人、某一个学科的智慧就能够做到的，因此我们一定要放开思路，提升理念，让其他领域的专业人士熟知食用菌的生产和管理流程，这样才能实现集成化技术应用。另外，要加强食用菌工厂化生产相关学科的基础研究，重点是袋栽模式的集成化技术应用，包括硬件和软件，都要抓住关键问题联合攻关，边研究边开发，使科研成果及时转化为生产力，尽快实现产业化，这是提高我国食用菌工厂化生产总体水平和可持续发展的技术保证。形成符合我国国情的食用菌生产集成化技术应用工程体系，是提高我国食用菌工厂化生产总体水平的物质基础，国家应在项目方面给予明确支持（陈青和潘孟乔，2011）。

3）尽快制止当前食用菌工厂化生产迅猛发展的盲目性

食用菌工厂化生产是一项可控产业，受管理技术与资金投入的影响较大。当前我国和发达国家的差距主要在于科技水平及科技含量的差距，说到底是人才素质的差距，所以必须注意培养专业技术人才和经营管理人才，努力提高生产者的素质。应该通过各种方式和途径，倡导、普及食用菌工厂化生产的科学知识，使我国的食用菌工厂化生产尽快转到依靠科技进步和提高劳动者素质的轨道上来，使其持续、健康、迅速地发展。尤其是对国外先进设备的引进工作，引进之前要组织专家充分论证，引进后应有专业机构统一指导和管理。

全国各地应分层次发展，因地制宜，因势而行，而不是搞花架子、做门面。从我国人均食用菌的消费量增长看，目前食用菌工厂化生产栽培面积仍需要扩大，但在目前集成化技术应用还不成熟的情况下，不宜再盲目增加，否则就会导致投资失败。应利用现已成熟的技术和设施，走分工专业化的产业化发展之路，在提高品质和产量上下功夫，循序发展工厂化生产。

1.1.4　食用菌工厂化是必经之路

我国食用菌的产量及产值近年来持续攀升，但增长速度较 2015 年以前缓慢许多（图 1-1）。虽然我国食用菌产量现已稳居世界首位，年产量占世界食用菌年产量的 75%，但工厂化生产的产量所占的比例并不大，2019 年，食用菌工厂化生产总产量为 344.09 万 t，仅占我国食用菌总产量的 8.75%。

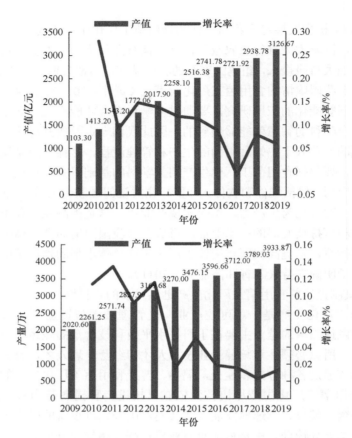

图 1-1　2009～2019 年我国食用菌产值和产量变化趋势
数据来源：中国食用菌协会

　　经过多年发展，我国食用菌工厂化在生产技术、管理、质量方面取得了重大突破，但目前困扰食用菌工厂化发展的主要问题是菌种。多数企业通过引种或对本地品种进行改良、筛选分离来获得优良品种，但菌种遗传背景不明确、生物学特性不突出、产量质量等农艺性状不稳定，很容易造成菌种退化和变异。特别是工厂化生产液体菌种，与国外差距较大，而常规的固体菌种容易造成杂菌感染，生产风险较大。

　　目前，我国实现食用菌工厂化生产的品种多属于木腐菌，生产过程要消耗大量林木资源。随着国家出台对东北三省、内蒙古等重点林区全面停止商业性砍伐的政策，寻找新的替代原料成为当务之急。国家倡导大力发展循环经济，业内专家积极探索代料栽培技术，利用农作物秸秆栽培木腐菌，如使用玉米秸秆生产黑木耳等。工厂化草腐菌栽培可充分利用稻草、棉籽壳、棉秆、玉米芯等资源，产品收获后的培养基又可作为绿色有机肥还田，实现种植业和养殖业间循环利用，促进循环农业的发展（吴楠等，2019）。

食用菌部分品种产能过剩，该现象主要集中在金针菇、杏鲍菇等常规工厂化产品上。一些工厂化企业开始关注和开发鹿茸菇、绣球菌、灰树花、蛹虫草等珍稀食用菌品种，并实现工厂化生产。这些品种在市场上深受消费者喜爱，产量逐年上涨。随着高蛋白、高维生素、高纤维素的健康食品日益受到关注，有条件的工厂化企业应加大珍稀食用菌品种的研发和生产，寻找新的利润增长点和发展空间。

1.2　我国食用菌栽培概况

食用菌不仅是我国精准扶贫的抓手，也是"一带一路"倡议中最具中国特色的产业。我国食用菌企业"走出去"，一方面可扩大贸易渠道，增加盈利点，摆脱当前产能过剩和低价竞争带来的束缚；另一方面可拓宽视野，利用国外的土地、人力、原材料等资源优势发展实业，在当地及周边市场销售，有利于企业在国际竞争中占据主动。

2008～2019 年，我国食用菌工厂的数量呈现先增加后减少的趋势，截至 2019 年 12 月，全国食用菌工厂数量共有 400 家，比 2012 年减少了 388 家（图 1-2）。但工厂化生产的产量一直在增加，2019 年全国食用菌工厂化生产总产量为 344.09 万 t，较 2015 年增加了 160.15 万 t，增幅为 87.07%。福建、江苏、山东、浙江、上海等华东沿海经济发达地区 2016 年食用菌工厂数量占到全国总量的 66%，是产业高聚集区。

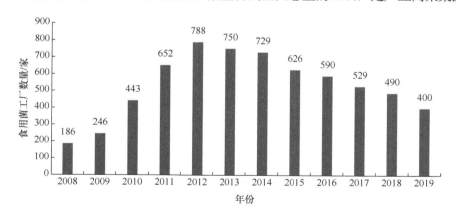

图 1-2　2008～2019 年我国食用菌工厂数量变化

食用菌企业雪榕生物、中国绿宝集团有限公司、天水众兴菌业科技股份有限公司相继在主板上市，借壳上市的还有广东星河生物科技股份有限公司、烟台双塔食品股份有限公司、天广中茂股份有限公司。江苏华绿生物科技股份有限公司、福建万辰生物科技股份有限公司在深交创业板上市。湖北裕国菇业股份有限公司、山东七河生物科技股份有限公司、江苏香如生物科技股份有限公司、大连盖世食品有限公司、东宁黑尊生物科技有限公司、河南天邦菌业股份有限公司、奥吉特生物科技股份有限公司、山西澳坤生物农业股份有限公司、福建古甜食品科技股份有限公司、浙江宏业农装科技股份有限公司、四川唯鸿生物科技股份公司、南通三盛鑫生物科技股份有限公司、江苏紫山生物股份有限公司、上海闽申农业科技股份有限公司、黑龙江省北味菌业科技集团股份有限公司、承德双承生物科技股份有限公司等企业在新三板挂牌上市，也有一些中小型企业选择在 Q 板上市，食用菌行业里的优质公司拉开了与资本市场对接的大幕，食用菌工厂化与资本联姻已经成为一种新趋势。

全球食用菌工厂化生产品种主要有金针菇、杏鲍菇等木腐菌类，以及双孢菇等草腐菌类。其中，双孢菇是欧美国家的主要生产品种，而金针菇、杏鲍菇在亚洲国家占生产主导地位。2017 年，全国食用菌工厂化企业每日产鲜菇 10 000t，其中，金针菇 4500t，杏鲍菇 3500t，斑玉蕈（海鲜菇、白玉菇、蟹味菇）1000t（杨国良，2018），双孢菇、绣球菌、猴头菇等 1000t。我国食用菌工厂化生产在产能上已稳居全球第一。2019 年，雪榕生物金针菇销售均价 5.17 元/kg，较 2018 年销售均价上涨 4.87%，较 2017 年销售均价下滑 7.7%。我国食用菌产业经过十几年发展，逐步实现了工厂化、机械化、自动化生产，目前已拥有日臻成熟的生产技术、自主研发的菌种及一批具有国际领先水准的机械装备。我国的人才、技术、设备等优势资源使我国食用菌企业在国际舞台占据主动权，处于产业链相对高点，不少周边国家乃至欧洲国家主动寻求合作、洽谈和贸易机会。

美国菌类有机食品科技公司 MycoTechnology 正在酝酿一个足以改变全球饮食格局的大生意，即发酵由蘑菇制成的蛋白质来制作各类食品。据公司创始人 James 介绍，在粮食短缺成为一个全球问题的时候，蘑菇却能够喂饱全球 30 亿人，并到 2040 年时，解决 100 亿人的饮食。我国对食用菌产业发展的高度重视，不仅是因为其对农业生态循环具有重要意义，更是由于其在未来粮食安全中占据的重要战略地位。

1.3 我国食用菌栽培种类分布情况

菌类作物的种质资源包括各种栽培种的繁殖材料，以及利用上述繁殖材料人工创造的各种遗传材料。种质资源蕴藏在各种品种、品系、类型和野生近缘物种，包括古老的地方品种、新培育的推广品种、引进品种等中。相应的遗传材料都属于种质资源的范围，包括各品种的活体、组织、孢子、体细胞、基因物质等。

在已有描述和记载的 1020 种食用蕈菌中，约有 100 种食用蕈菌成功地进行了人工驯化栽培，其中约 60 种已实现大面积栽培。改革开放之初，我国食用菌主要栽培种类有 10 个品种（香菇、黑木耳、双孢菇、平菇、草菇、滑子蘑、金针菇、银耳、毛木耳、猴头菇），20 世纪 80 年代有 14 个品种（增加的 4 个品种是灰树花、金耳、茯苓、天麻蜜环菌），90 年代已有 44 个规模化栽培的食用菌品种，分别为双孢菇、巴氏蘑菇、大肥菇、美味蘑菇、香菇、糙皮侧耳、佛州侧耳、肺形侧耳、白黄侧耳、榆黄蘑、泡囊侧耳、盖囊菇、杏鲍菇、白灵菇、红平菇、元蘑、黑木耳、毛木耳、金针菇、滑子蘑、黄伞、草菇、猴头菇、茶树菇、鸡腿菇、灰树花、长根菇、大球盖菇、银耳、金耳、蛹虫草、灵芝、中华灵芝、薄盖灵芝、松杉灵芝、茯苓、猪苓、天麻蜜环菌、斑玉蕈、长裙竹荪、短裙竹荪、洛巴口蘑、牛舌菌、褐灰口蘑。其中大规模商业栽培的有 31 种，分别为双孢菇、巴氏蘑菇、大肥菇、美味蘑菇、香菇、糙皮侧耳、佛州侧耳、肺形侧耳、白黄侧耳、榆黄蘑、杏鲍菇、白灵菇、黑木耳、毛木耳、金针菇、滑子蘑、草菇、猴头菇、茶树菇、鸡腿菇、灰树花、银耳、灵芝、中华灵芝、薄盖灵芝、松杉灵芝、茯苓、天麻蜜环菌、斑玉蕈、长裙竹荪、短裙竹荪。按照年产量由高到低来排序，分别为香菇、黑木耳、红平菇、双孢菇、金针菇、杏鲍菇、毛木耳、茶树菇、滑子蘑、银耳、斑玉蕈、白黄侧耳、草菇、白灵菇、猴头菇、蛹虫草、竹荪等。此外，各种新开发或新引进的品种日益增多，菌类作物遗传多样性不断丰富，可以供栽培者根据市场需要选择使用。这些多样化的栽培种和品种保证了我国在农业生产方式下实现食用菌的周年栽培与持续发展。

　　已经实现床架式工厂化栽培的食用菌主要有双孢菇、草菇和巴氏蘑菇；已经实现瓶式工厂化栽培的食用菌主要有金针菇、杏鲍菇、滑子蘑、斑玉蕈、秀珍菇、白灵菇、黑皮鸡枞菌、黑牛肝菌、红平菇、榆黄蘑、灰树花、茶树菇等；已经实现袋式工厂化栽培的品种有绣球菌、银耳等，所有瓶式栽培品种均可实施袋式栽培；已经实现菌包工厂化的品种有香菇和木耳。工厂化栽培的主要食用菌见表 1-1。

表 1-1　工厂化栽培的主要食用菌

菌物名称	栽培技术
双孢菇 [*Agaricus bisporus* (J. E. Lange) Imbach]	生产周期 75～80 天（一个周期）；双孢菇栽培技术较难，要注意发酵料堆肥、覆土、温度、湿度、光照、空气参数，现阶段国内单产相对于国际较低
巴氏蘑菇 [*Agaricus blazei* Murrill]	生产周期 55～65 天（一个周期）；技术要点基本同双孢菇
草菇 [*Volvariella volvacea* (Bull.) Singer]	生产周期 15 天（一个周期）；需要光照刺激转色出菇，且光照强度不同，子实体颜色不同
泡囊侧耳 [*Pleurotus cystidiosus* O. K. Mill.]	生产周期 80～90 天（一个周期）；培养时间 30 天；出菇管理 11～16 天；泡囊侧耳出菇管理期间重点是温度与湿度控制；采用两端开口袋栽的模式，一袋一般可产菇 1.5kg
金针菇 [*Flammulina filiformis* (Z. W. Ge, X. B. Liu & Zhu L. Yang) P. M. Wang, Y. C. Dai, E. Horak & Zhu L. Yang]	生产周期 51 天（一个周期）；培养时间 25 天；容量 1100ml、口径 78mm 的瓶子的标准采收量为 400～450g
杏鲍菇 [*Pleurotus eryngii* (DC.) Quél.]	生产周期 45 天（一个周期）；培养 27 天现蕾，生育期 18 天。瓶栽杏鲍菇整体偏小，适合小包装销售，也适合出口欧美市场。瓶容量 1100ml、口径 70mm 的情况下，在日本的标准采收量为 120～160g

续表

菌物名称	栽培技术
滑子蘑［*Pholiota microspora* (Berk.) Sacc.］	生产周期 110 天（一个周期）；培养 85 天现蕾，生产期 25 天；日本瓶栽生产量较大，瓶容量 800ml、口径 78mm 的情况下，栽培周期 75～80 天，标准采收量为 180～200g
斑玉蕈［*Hypsizygus marmoreus* (Peck) H. E. Bigelow］	有真姬菇、蟹味菇、白玉菇、海鲜菇等不同品种，生产周期 100 天（一个周期）；培养 75 天现蕾，生育期 25 天。1970 年人工栽培成功，目前是食用菌瓶栽的代表品种。瓶容量 850ml、口径 58mm 的情况下，在日本的标准采收量为 200～220g
秀珍菇［*Pleurotus pulmonarius* (Fr.) Quél.］	生产周期 45 天（一个周期）；培养 30 天发芽，生育期 15 天；栽培瓶容量 1100ml、口径 70mm 的情况下，标准采收量为 150g
白灵菇［*Pleurotus tuoliensis* (C.J. Mou) M.R. Zhao & Jin X. Zhang］	生产周期 100～110 天（一个周期）；变温结实，调节昼夜温差 10℃及适宜光照刺激
黑皮鸡枞菌［*Hymenopellis raphanipes* (Berk.) R. H. Petersen］	生产周期 68 天（一个周期）；培养 45 天现蕾，生育期 23 天
黑牛肝菌［*Phlebopus portentosus* (Berk. & Broome) Boedijn］	生产周期 70 天（一个周期）；培养 40 天现蕾，生育期 30 天
红平菇［*Pleurotus djamor* (Rumph. ex Fr.) Boedijn］	生产周期 23 天（一个周期）；出菇管理期间光照强度与时间关系到子实体颜色
榆黄蘑［*Pleurotus citrinopileatus* Singer］	生产周期 55～60 天（一个周期）；子实体生长期间注意补水
灰树花［*Grifola frondosa* (Dicks.) Gray］	生产周期 70 天（一个周期）；培养 45 天现蕾，生育期 15～20 天
茶树菇［*Agrocybe aegerita* (V. Brig.) Singer］	生产周期 48 天（一个周期）；培养 30 天现蕾，生育期 18 天，瓶容量 1100ml、口径 70mm 的情况下，采收量一般为 100～120g
绣球菌［*Sparassis crispa* (Wulfen) Fr.］	生产周期 90～110 天（一个周期）；培养时间 40～50 天；子实体发育阶段每天需 500～800lx 光照射 10h 以上
香菇［*Lentinula edodes* (Berk.) Pegler］	生产周期 150 天（一个周期）；菌丝培养 110 天，出菇 40 天，技术难点在于转色阶段；不同品种的性状差异较大，栽培管理方式因品种而定；目前完全工厂化成本较高，多采用"工厂+农户"的生产方式
银耳［*Tremella fuciformis* Berk.］	生产周期 70 天（一个周期）；注意银耳菌丝与香灰菌丝比例控制在 1∶（30～50）

在 2016 年食用菌工厂化生产中，除了上述品种，北虫草、鹿茸菇等珍稀品种产量也逐年增加。

1.4 食用菌在国民经济中的意义

近些年来，随着工业化和城市化的扩张，以及退耕还林、退耕还草、退耕还湖等生态工程建设，耕地资源减少（任淑花和卢新卫，2008），资源短缺和食物短缺的矛盾日益加剧，特别是蛋白质的供给严重缺乏（卢敏和李玉，2005）。而菌类作物由于生长速度快，其生产蛋白质的能力远远超过大多数高等植物。

每年我国动植物在生产过程中会产生约 30 亿 t 的废弃物，如果将其中的 5%
用于食用菌生产，就可以生产至少 1000 万 t 干食用菌，如果按照干食用菌含有
30%～40% 的蛋白质计算，相当于增加 300 万～400 万 t 蛋白质，而这些增加的蛋
白质相当于 600 万～800 万 t 瘦肉或 900 万～1200 万 t 鸡蛋或 3600 万～4800 万 t
牛奶的蛋白质含量。同时，食用菌能够平衡国民饮食中的膳食结构，提高维生素、
膳食纤维、氨基酸供给量。2009 年 4 月 8 日，为了确保粮食安全，温家宝总理主
持召开国务院常务会议，会议讨论并通过《全国新增 1000 亿斤粮食生产能力规划
（2009—2020 年）》。这意味着年均将增加 600 亿 kg 秸秆，即规划期间秸秆总量将
达到 7600 亿 kg（于海龙等，2014）。这些秸秆除满足生活燃料需要（约 40%）、
发展养殖（约 30%）外，剩余的约 30%（约 2280 亿 kg）可用于食用菌生产，按
照 50% 的生物学转化率计算，即可生产食用菌 1140 亿 kg，可在国家食品安全体
系中发挥重要作用。

生态循环经济是一种最大限度地利用资源和保护环境的经济发展模式（卢敏
和李玉，2012；张春凤等，2010）。传统农业产业模式是由“作物生产+动物生产”
二维要素构成，这是一种极不平衡的、消耗性的、不可持续的产业发展模式（李玉，
2008）。而在原有的二维生产要素中引入食用菌生产，就形成了由“作物生产+动物
生产+食用菌生产”三维要素构成的农业循环经济，这一体系不仅加速了自然的物
质循环、能量循环，更有利于动植物生产的副产物的资源化，推进节能减排，保
护生态环境（卢敏和李玉，2012）。例如，通过菌类作物的栽培，使动植物生产的
副产物作为生产基质，进入一个新的生产体系中，即可实现生态经济发展目标，
降低对生态环境的负面影响（李玉和卢敏，2009）。否则，将导致严重的环境污染，
危害人体健康。例如，近几年我国粮食主产区出现的较为严重的秸秆焚烧现象，
会产生很多不利的影响，如引发交通事故，影响道路交通和航空安全；引发火灾，
威胁群众的生命财产安全；污染空气环境，危害人类健康；破坏土壤结构，造成
农田质量下降等。

近几年，人们能明显地感觉到餐桌上的菌类品种逐渐丰富。经过十余年的快速
发展，我国食用菌产业已悄然成为继粮食、蔬菜、果树、油料之后的农业第五大种
植产业。2018 年，全球食用菌总产量约 4795.6 万 t，我国食用菌产量达 3789.03 万 t，
约占世界总产量的 79%。食用菌作为一种健康饮食，不仅营养丰富，味道鲜美，
而且大部分具有较好的药用价值和保健功能，国外市场对食用菌的需求量很大（徐
敏，2012），国内对食用菌的营养和健康认识也越来越多，这些均为食用菌的持续
稳定发展提供了坚实的市场。

根据中国食用菌商务网（https://www.mushroommarket.net/）的调查统计，
2017 年 529 家食用菌生产企业中，杏鲍菇生产企业为 189 家，金针菇生产企业为
142 家，海鲜菇生产企业为 54 家，双孢菇生产企业为 47 家，秀珍菇生产企业为

34 家，真姬菇生产企业为 33 家（乔臣，2019）。其中，杏鲍菇、金针菇生产企业数量总和占全部食用菌生产企业数量的 62.6%，金针菇产量 110.2 万 t，杏鲍菇产量 89.2 万 t，两者产量总和占到全国食用菌工厂化品种产量的 78%（任羽，2018），为食用菌工厂化生产的两大"主力军"。其他还有双孢菇产量 14 万 t、蟹味菇产量 12.2 万 t、海鲜菇产量 10.2 万 t、秀珍菇产量 2.0 万 t、白灵菇产量 0.7 万 t。食用菌的工厂化生产已经超乎人类的想象，真正实现了农业产品的工业化，在人类还无法完全控制生物生、老、病、死的今天，我们已经能够像生产工业标准件一样，精准定时定量地生产某些食用菌，这也是目前唯一能够真正意义上工厂化的农业种植（养殖）品种。食用菌工厂化生产的效率比传统模式高出约 40 倍，单层设计的厂房每亩①产值超过 100 万元，多层设计的厂房每亩产值达到 400 万～500 万元，使土地产出率提高了近百倍，成为年亩产过 20 万斤②的第一高产种植业品种。食用菌工厂化生产的栽培原料主要是棉籽壳、玉米芯（玉米秸秆）、甘蔗渣、木糠、米糠、麦麸等多种农作物下脚料，食用菌采收后，培养基又可作为绿色有机肥还田，实现资源的有效循环利用。食用菌生产是农业废弃物的综合利用，有利于保护环境、节约资源，为农民增收，增强三产融合，产业特色鲜明，可实现现代农业可持续发展（李响等，2015）。

工厂化栽培食用菌是最具现代农业特征的产业化生产方式，随着科技的发展和农业生产力水平的不断提高，经济发展和市场周年消费需求的不断增强（张云川等，2009），食用菌工厂化生产将逐渐代替家庭作坊及分散经营的手工作坊，成为未来食用菌生产的主要栽培方式，所以工厂化生产是食用菌产业发展的必然趋势。参考国际食用菌行业规律，美国、日本、韩国等发达国家和地区的工厂化食用菌生产已基本完成了对传统模式的替代，食用菌生产几乎全部采用工厂化生产技术。韩国工厂化食用菌占有率均达 95% 以上，日本达 90% 以上。与之相比，我国工厂化尚有很大的发展空间，未来几年仍将是发展的黄金时期。未来 10 年内，我国食用菌工厂化种植产量将达到全球食用菌总产量的 30%～50%。

【思考题】
1. 什么是食用菌工厂化？
2. 食用菌工厂化的社会价值有哪些？
3. 如何克服食用菌工厂化生产存在的不足？

---

① 1 亩≈666.7m²，下同。
② 1 斤=0.5kg。

第2章　工厂化食用菌的生物学基础

2.1　食用菌的结构

2.1.1　细胞结构

与其他真核生物一样，构成食用菌最根本的结构单元是细胞。真菌细胞结构可以粗分成细胞壁和原生质两大部分，原生质包括细胞膜、细胞质、细胞核等。难以计数的细胞进一步构成了食用菌的营养体和繁殖体，隔膜将两个相邻细胞分开，大多数隔膜中央有隔膜孔，可允许细胞质、细胞核或细胞器通过。所以，食用菌的细胞结构与动植物的细胞结构既相似又存在不同，特别是在遗传规律上，显示了食用菌双核单倍体及细胞质遗传和准性生殖的特有性。食用菌细胞中的空泡、核和线粒体膜是工厂化生产过程中控制菌丝传代的重要指标，菌种中若出现线粒体嵴消失、线粒体数量减少和基质中高密度物质积累就不能再度使用了。

2.1.1.1　细胞壁

细胞壁（cell wall）紧挨着细胞膜，位于细胞的最外层，弹性且坚韧的结构特质让它不仅对真菌细胞的内部结构起到保护作用，还可以维持细胞形状。细胞壁一般都是多层结构，每层的主要成分不同，最外层为无定形葡聚糖层，紧贴细胞膜的内层为几丁质微纤丝（microfibril），既能隔热防渗漏，又具有透性。食用菌的细胞壁主要是由 β-(1,3)-葡聚糖、甘露糖和几丁质等成分组成。随着人们对几丁质研究的不断深入，发现不同食用菌细胞壁的几丁质是不同的，如子囊菌亚门真菌细胞壁几丁质的主要成分是 D-半乳糖，担子菌亚门真菌细胞壁几丁质的主要成分是岩藻糖。食用菌细胞壁还包括蛋白质、类脂及无机盐等成分（Lipke and Ovalle，1998）。此外，即使是同种食用菌，在不同的发育阶段其细胞壁组成成分及其所占比例也存在较大差异，如几丁质和壳聚糖的含量在不同发育阶段的细胞壁中处于一个动态变化的过程（张博森等，2019）。

2.1.1.2　细胞膜

真菌细胞的细胞膜（cell membrane），又称质膜（plasmalemma），是一种主要由脂质（磷脂）、蛋白质和糖类构成的半透性膜（杨舟，2018），其中以蛋白质和脂质为主。在电镜下可分为三层，磷脂规则地排列为双层结构，呈微团构型（micro cluster configuration）。蛋白质是无定形分子，呈颗粒状，不对称地镶嵌在磷脂双分子层两边。固醇夹在两层磷脂中间，固醇与磷脂的比例为（1：5）～（1：10）。细胞膜之所以重要，是因为它具备多种酶，有生物合成功能，联系菌丝顶尖的小泡囊及膜边体，是为新的细胞壁及胞质中的细胞器提供器官形成物质的中间媒介，它在维持胞内代谢环境稳定，调节和选择物质进出细胞等方面发挥重要作用。细胞膜中含有大量特殊物质，具有信息交流与调控的功能。例如，麦角甾醇是目前研究防止真菌性疾病的靶点。

2.1.1.3　细胞核

和其他真核生物一样，食用菌的细胞核也是遗传信息库。食用菌的细胞核（nucleus）较小，直径一般为 1～5μm。它的核膜具双层，而且多孔，使核质与细胞质相通，核膜有时也直接和内质网（endoplasmic reticulum，ER）或高尔基体（Golgi body，GB）等相连接。在无隔菌丝中，细胞核通常随机分布在生长活跃的菌丝的原生质内。在有隔菌丝中，每个菌丝分隔里常含有一个、两个或许多个核，依种类和发育阶段不同而异。与植物双倍体不同，多数食用菌是单倍体，常呈现单核、双核（异源）或多核。少数子囊菌有双倍体现象，对于食用菌遗传来说，遗传物质显得异常复杂多样，无显著遗传规律。细胞核由双层单位膜的核膜（nuclear envelope）包围，核膜外膜被核糖体附着。核膜内充满均匀、无明显结构的核质（nucleoplasm），中心常有一个明显的稠密区，称核仁（nucleolus）。核仁在分裂中可能持久存在，可能在分裂中消解，也可能以一个完整的个体从分裂的细胞核中释放到细胞质中，分裂多数呈时间节律进行。

由于食用菌细胞核中的染色体小，用常规的细胞学技术很难对其进行研究，因此，对许多真菌的细胞核分裂行为及染色体数目尚不完全了解。不同的食用菌染色体数目不一样，如香菇 8 条、草菇 9 条。近年来发展起来的脉冲电场凝胶电泳（pulsed-field gel electrophoresis，PFGE）技术已用于真菌的核型分析。这种电泳技术通过不断变换方向的脉冲电场将包埋在琼脂糖凝胶中的完整染色体 DNA 分子分离成不同相对分子质量的染色体带，经过溴化乙锭（ethidium bromide）染色，根据在紫外线下显示的带谱估测染色体数，并通过与相对分子质量标样比较来计算染色体 DNA 的大小。

2.1.1.4　隔膜

食用菌的横隔将菌丝内分成间隔，每个间隔中含一个、两个或多个细胞核，这个分隔膜称隔膜（septum），也可以理解为细胞壁的一部分，但在食用菌中是很重要的结构。隔膜孔在隔膜上，隔膜孔可允许细胞质甚至细胞核通过。从这种意义上讲，有隔菌丝的每个间隔并不是一个细胞，只是相连的腔室。隔膜的功能尚不完全清楚。隔膜孔也可以关闭结构，如子囊菌的沃鲁宁体（Woronin body），担子菌的桶孔覆垫（parenthesome）。

2.1.1.5　细胞器

对食用菌细胞超微结构的观察发现，细胞膜内包含许多具有一定结构和功能的细胞器（organelle），如线粒体、液泡、泡囊、内质网、核糖体、高尔基体、膜边体、沃鲁宁体、过氧化物酶体等（殷勤燕等，1995）。现分述如下。

1. 线粒体

线粒体（mitochondrium）作为"一专多能"的细胞器，最主要的作用是细胞呼吸，产生能量，同时也兼具蛋白质合成的功能。线粒体在形状、化学成分及功能等方面都是一个具有多样性的细胞器。线粒体在菌丝细胞中广泛分布，在光学显微镜下勉强可见，呈椭圆形、细线状或棒状，通常与菌丝长轴平行。真菌的线粒体具有双层膜，内膜较厚，向内延伸形成不同数量和形状的嵴，嵴多为扁平的盘状结构。线粒体是一种含有多种酶的载体，内膜上含有细胞色素、NADH脱氢酶、琥珀酸脱氢酶和 ATP 磷酸化酶，其他如三羧酸循环的酶类、核糖体、蛋白质合成酶和 DNA，以及具有脂肪酸氧化作用的酶也均在内膜上（谢小梅和许杨，2004），与对其他生物的作用一样，线粒体是食用菌能量代谢的重要细胞器，活性越强的食用菌细胞线粒体越多；外膜主要含有脂质代谢的酶类。线粒体拥有独立的 DNA、核糖体和蛋白质合成系统，对呼吸及能量供应起主导作用。真菌线粒体的 DNA 为闭环状，周长 19～26μm，小于植物线粒体的 DNA（30μm），大于动物线粒体的 DNA（5～6μm）。线粒体基因同核基因一样，以半保留复制的方式进行遗传（杨丹，2016），糙皮侧耳线粒体基因组大小为 73kb，香菇线粒体基因组大小为 117kb，较小的真菌线粒体基因组是研究 DNA 结构、复制、转录及 DNA 传递重组的良好模型。线粒体的形状、数量和分布与真菌种类、发育阶段及外界环境条件联系密切。一般而言，菌丝顶端的线粒体多为圆形，但成熟的菌丝中线粒体则呈椭圆形（杭群，2002）。线粒体同时也是检测食用菌活力的指标。

2. 核糖体

核糖体是核糖核蛋白体（ribosome）的简称，是真菌细胞质和线粒体中的微小颗粒，含有 RNA 和蛋白质，是蛋白质合成的场所（郝林，2001）。根据核糖体在细胞中所在部位的不同，分为细胞质核糖体和线粒体核糖体。细胞质核糖体 80S 游离分布于细胞质中，有的与内质网或核膜结合。线粒体核糖体70S与原核生物的核糖体相似，集中分布于线粒体内膜的嵴间。单个核糖体可结合成多聚核糖体。

3. 内质网

典型的内质网管状、中空、两端封闭，通常成对地平行排列，大多与核膜相连，很少与质膜相通，在幼嫩菌丝细胞中较多。主要成分为脂蛋白，有时游离蛋白或其他物质也合并到内质网上。当内质网被核糖体附着时形成糙面内质网（rough endoplasmic reticulum，rER），常见于菌丝顶端细胞中，而未被核糖体附着时则为光面内质网（smooth endoplasmic reticulum，sER）（闵航，2005）。

4. 高尔基体

高尔基体是球形的泡囊状结构，位于细胞核或核膜孔周围，少数呈鳞片状或颗粒状，对膜的形成起着重要的作用，在裂褶菌、鬼伞中有较多的研究。但与动植物不一样，在大部分的担子菌与子囊菌中很难观察到高尔基体。

5. 泡囊

泡囊（vesicle）是在菌丝细胞顶端由膜包围而成的一种细胞器，目前认为是在内质网或高尔基体内膜分化过程中产生的，含有蛋白质、多糖和磷酸酶等。泡囊在菌丝的顶端生长，与菌体对各种染料和灭菌剂的吸收、胞外酶的释放及对高等植物的寄生性等方面具有不同程度的相关性。

6. 膜边体

膜边体（lomasome），又称须边体、质膜外泡，是由单层膜折叠成一层或多层并包被颗粒状或泡囊状物质的细胞器，呈球形、卵圆形、管状或囊状等形态，位于细胞膜与细胞壁之间，含有一种以上水解酶，可水解多糖、蛋白质和核酸，其功能可能与细胞壁的合成、水解酶的分泌及膜的增生等有关。膜边体的膜来源于细胞膜，是细胞膜与细胞壁分离时形成的。迄今除真菌菌丝细胞以外，在真菌的其他细胞或其他生物细胞中尚未发现有膜边体。

7. 液泡

液泡（vacuole）是一种囊状的细胞器结构，其体积和数目随细胞年龄或老化程度而增加，呈球形或近球形，少数为星形或不规则形。小液泡可融合成一个大液泡，大液泡也可分成数个小液泡。液泡内主要含有糖、脂肪等贮藏物，还含有碱性氨基酸，如精氨酸、鸟氨酸、瓜氨酸等，氨基酸可游离到液泡外。液泡内含有多种酶，如蛋白酶、酸性磷酸酶、碱性磷酸酶、核酸酶和纤维素酶等。因此液泡不仅能够贮藏能量物质、调节渗透压，还具有溶酶体的功能。

8. 沃鲁宁体

沃鲁宁体（Woronin body）是直径仅约为 0.2μm 的呈卵形或球形的细胞器，由单层膜包围的基质构成。它与子囊菌的隔膜孔相关联。当菌丝体受伤后，它可以迅速与菌丝隔膜结合形成孔塞，堵住隔膜孔，防止原生质流失。

9. 过氧化物酶体

过氧化物酶体（peroxisome）是由单层膜包被的细胞器（高峰，2004），不含 DNA 或 RNA，能自主分裂。过氧化物酶体含有 50 多种酶，可以利用分子氧化底物产生过氧化氢。大多数食用菌的脂肪酸全部在过氧化物酶体内氧化，经过 1 个循环，脂肪酸氧化产生 1 分子 NADH，1 分子过氧化氢，1 分子乙酰辅酶 A。NADH 经苹果酸-草酰乙酸穿梭机制进入细胞质；过氧化氢经过氧化氢酶分解为水和氧气；乙酰辅酶 A 经肉碱转运系统进入线粒体（高弘，2005）。

2.1.2　营养体结构

2.1.2.1　菌丝及菌丝体

食用菌的营养体绝大多数都是由微小的细丝状或管状的菌丝（hypha，复数 hyphae）组成。菌丝在其生长的基质表面或内部向各个方向延伸，分枝网状形成菌丝群，这种结构称为菌丝体（mycelium，复数 mycelia）。在基质表面生长的绒毛状菌丝为气生菌丝（李彦忠，2007），在基质内部生长的菌丝称为基内菌丝。此外，有些种类的真菌既能以菌丝形式存在，又能以单细胞形式存在，称为二型现象（dimorphism）。在食用真菌中也存在二型现象，如银耳的菌丝体在青冈木段内生长时呈丝状，在马铃薯葡萄糖琼脂（PDA）培养基上生长时则呈酵母状。

菌丝通常由薄而透明的管状壁构成，其中充满或填有一层密度不同的原生质。菌丝可以无限伸长，直径则因种而不同，一般为 1～30μm。另外，同种真菌在不同环境条件下，菌丝直径也有细微差异。

在光学显微镜下可观察到，多数种类的菌丝被规则的横壁所隔断，这些横壁称为隔膜（septum，复数 septa）。在子囊菌和担子菌中，隔膜将菌丝分割成间隔或细胞，其中含有一个、两个或多个细胞核，此类菌丝称为有隔菌丝（septate hypha）。食用菌的菌丝隔膜有以下几种类型。

（1）单孔型：隔膜中央具有一个较大的中心孔口，常见于子囊菌。

（2）多孔型：隔膜上有多个小孔，排列方式各异，常见于子囊菌的无性时代。

（3）桶孔型：隔膜中央有一个小孔，其边缘膨大成桶状，桶外覆盖由内质网构成的弧形膜，称为桶孔覆垫（parenthesome）。这种隔膜的结构复杂，由于种类不同，有的桶孔覆垫具孔，有的则没有，但不影响菌丝体内细胞质的流动，常见于担子菌中。

（4）封闭隔：当食用菌菌丝退化、衰老、受伤或形成繁殖器官（包括无性）而形成的完全密封的膜。

隔膜对菌丝起着支撑作用，既可加大菌丝强度，又不影响菌丝内含物的流通。隔膜有初生的和不定的两种类型。前者的形成与细胞核分裂有关，后者与菌丝内原生质浓度的变化有关。目前隔膜的功能仍未被完全了解，它可能是为适应陆生环境而形成的，因为有隔菌丝较无隔菌丝更能适应干旱环境。隔膜还可抵御损伤，当菌丝受损伤时，菌丝隔膜孔附近的沃鲁宁体和一些蛋白质结晶体能迅速联结并堵塞隔膜孔，阻止细胞质流失。

菌丝活跃生长的部位仅局限于菌丝顶端，其后的区域细胞壁可以增厚，但不能伸长。菌丝顶端生长的方式不同于菌丝细胞生长。菌丝顶端生长时其顶端聚集许多泡囊。从大小上可以将这些泡囊分为两类：直径大于 100nm 的大泡囊（macrovesicle）和直径小于 100nm 的小泡囊（microvesicle）。大泡囊似乎分泌合成细胞壁的酶和细胞壁的聚合物前体。这些大泡囊移向菌丝顶端并与原生质膜融合，泡囊的膜变成原生质膜，内含物释放到细胞质外用于细胞壁合成。当菌丝停止生长时，泡囊在顶端消失并沿着顶端细胞向四周分散（周静，2004）。当菌丝重新生长时，泡囊又聚集在顶端。泡囊通常被认为来自高尔基体或内质网的特殊部位。菌丝需要多少泡囊用于合成顶端的细胞壁尚不完全清楚（周静，2004）。

食用菌菌丝生长温度一般为 0～35℃，最适温度为 20～30℃。菌丝对低温有很强的耐受力，根据这一点，常将真菌菌种保存在 4℃冰箱或-196℃液氮中。正常情况下，真菌个体的绝大部分都具有潜在的生长能力，一个小的碎片往往都能形成一个新的生长点并发育为一个新的个体。菌丝体在固体培养基上呈辐射状生长，通常形成圆形的菌落（杨燕燕，2014）。菌落的形状、大小、颜色、表面的纹饰等特征与真菌种类及培养基成分、温度、光照、时间等培养条件密切相关，是真菌分类鉴定的重要依据之一。菌丝的生长方式多样，有侧生的（lateral）、对生的（opposite）、二叉状分枝的（dichotomous）、聚伞状的（cymose）、合轴的（假单轴的，sympodial）、轮生的（verticillate）和单轴的（monopodial）等。除少数种类以外，大多数真菌的营养结构都很相似，但由营养结构分化出来的繁殖结构则表现出各种不同的形态，其特征是构成传统真菌分类学的重要基础，如果没有繁殖阶段，真菌将难以被鉴别。

2.1.2.2　菌丝的特化类型

为适应不同的环境条件和更有效地摄取营养，满足生长发育的需要，许多真菌的菌丝可以分化成一些特殊的形态和组织，这种特化的形态称为菌丝变态。下面介绍几种主要的类型。

1. 气生菌丝

在固体培养基上，食用菌菌丝分化为营养菌丝（vegetative hypha）和气生菌丝（aerial hyphae）。营养菌丝深入培养基内吸收养料；气生菌丝向空中生长，有些气生菌丝发育到一定阶段后分化成繁殖菌丝，产生孢子。品种不一样，气生菌丝作为菌种的标准也不一样，如双孢菇菌种可分为如下几种类型。

（1）气生型菌株。菌丝洁白，生长旺盛，尖端直立，密度均匀，基内菌丝少，产量高。

（2）贴生型、匍匐型菌株。菌丝灰白色，平伏，较纤细，有束状菌丝，基内菌丝多，菇体质量好（浙江省标准计量管理局，1990），如 F16、S-176。

（3）半气生型菌株。菌丝洁白，菌丝短，基内菌丝数多，菌丝在培养基上的生长状态介于气生型菌株和贴生型菌株之间，如双 7、双 13 等，品种表现为菌丝长势旺、吃料快、爬土能力强、子实体多单生、出菇均匀、商品性好、产量高、抗病性强、适应性广、适合高海拔冷凉地区高温反季节栽培。

（4）杂交型菌株（半气生半匍匐型）。菌丝银白色、生长旺盛、生长快、菌被少、适应性强，兼有气生型菌株和贴生型、匍匐型菌株的优点，产量较气生型菌株高，质量较贴生型、匍匐型菌株好，如 AS2796、Horst U1、U3。

这种分类不是一成不变的，随着条件和营养的改变也会出现变化。

2. 匍匐菌丝

匍匐菌丝（stolon），通常指真菌在固体基质上所形成的与表面平行、具有延伸功能的菌丝。食用菌的某些种类在培养过程中因培养基的差异，也会形成与表面平行的菌丝，如双孢菇、猴头菇。

3. 菌丝球

液体状态下，食用菌的菌丝体有时会缠绕在一起，形成紧密的小球，俗称菌丝球（mycelium pellet）。菌丝球的形成可以使发酵液黏度下降。形成的菌丝球会影响物料的传递，一般位于球中央的细胞在生长和产物形成等方面均不如位于球表面的细胞（陈平，2008）。目前食用菌工厂化的菌种大部分都采用液体菌种，菌丝的质量和菌丝球的大小是液体菌种重要的质量指标。

4. 吸器

一般位于寄生性较强的真菌上，吸器（haustorium）可深入宿主细胞内，但不刺破宿主细胞膜，只是简单的凹入，使其有更多的接触面积。所形成的哈氏网和菌套为菌根菌的主要吸收器官，如松乳菇、松茸等。

5. 菌核

菌核（sclerotium）是一种不规则的休眠菌丝组织，一般外层色深、坚硬，内层色浅、疏松，如猪苓、桦褐孔菌。冬虫夏草的菌丝侵染虫体后，虫体变为假菌核。

6. 菌索

有些高等真菌（如假蜜环菌）的菌丝体平行排列组成长条状，因类似绳索，称为菌索（rhizomorph）。菌索是营养运输和吸收的组织结构，其功能为促进菌体延伸或抵御不良环境。

另外，食用菌中极少涉及假根、附着胞、附着枝、菌环、菌网等菌丝结构，这里的菌环等是菌丝的一种结构，如捕虫霉目的真菌菌丝，不同于食用菌子实体组织的一部分菌环。

菌丝阶段是工厂化食用菌生产的最关键阶段，是稳产、高产的根本保障，因此对菌丝的特性跟踪是实现工厂化生产的内在技术核心。

2.1.3 繁殖体结构

典型的食用菌繁殖体结构当属担子菌，当营养生活进行到一定时期时，食用菌就会转入繁殖阶段，由已分化的菌丝体组成各种繁殖体，即子实体（fruiting body），并由它产生孢子。子实体一般分化出菌盖（pileus）、菌褶（gill）、菌柄（stipe）、菌环（annulus）、菌托（volva）等结构，其形态因种而异。

1. 菌盖

菌盖的形状有伞形、圆形、半圆形、扇形、匙形、半球形、斗笠形、钟形、漏斗形、浅漏斗形、卵圆形、圆锥形、圆筒形、喇叭形和马鞍形等（严璐，2017）。菌盖的颜色有白色、黄色、褐色、灰色、红色和青色等。菌盖的状态有平展、中凹、脐状或下凹等。菌盖的边缘呈内卷、外卷或平展，有的边缘平滑无条纹，有的边缘呈瓣状或撕裂，有的边缘表皮延伸。

菌盖由最外层的角质层、菌肉和产孢组织组成。

1）角质层（皮层）

皮层有光滑、皱纹、条纹或龟裂等多种形态，有的干燥，有的湿润（水浸状、黏、胶黏或黏滑），有的表面具有绒毛、鳞片、粉末状或晶粒状大小不固定的附属物。

2）菌肉

菌盖的实体部分，大多是肉质的，易腐烂；少数为胶质、蜡质、革质和软骨质。不同食用菌表层与菌肉的贴合程度不同，香菇的表皮与菌肉不易分开，而红菇的皮层则可大片从菌肉上撕离下来。菌肉一般呈白色或污白色，也有的呈淡黄色或红色。有些食用菌的菌肉受伤后会变成黄色、绿色、青蓝色或黑色，有些食用菌的菌肉在不同的试剂下会呈现不同的颜色。不同种类食用菌菌肉的组织类型不同，有丝状菌肉组织、孢囊丝状菌肉组织和胶质丝状菌肉组织。

（1）胶质丝状菌肉：菌丝较少，再生能力较差，组织分离不易成功（如银耳、木耳等）。

（2）丝状菌肉：菌丝再生能力强，可进行组织分离（如平菇、香菇、猴头菇等）。

（3）孢囊丝状菌肉：菌丝顶端膨大成孢囊状，失去了再生能力（如红菇、乳菇等）。

3）产孢组织

产孢组织由菌褶和菌管组成，是产生孢子的组织。

2. 菌褶

菌褶是指担子菌类伞菌子实体（担子果）的菌盖内侧的皱褶部分，由子实层或支持它的髓部组成，呈片状的称菌褶，呈管状的称菌管。菌褶生长于菌盖的下方，上面连接菌肉，中央是菌髓细胞。纵剖子实体时所见的菌褶与子实体柄的关系是伞菌类真菌分类的重要特征，具体如下。

（1）直生：菌褶内端与菌柄呈直角状连接，如蜜环菌、滑子蘑等。

（2）弯生：菌褶内端与菌柄呈弯曲状连接，如香菇、口蘑等。

（3）离生：菌褶内端不与菌柄接触，如双孢菇、草菇等。

（4）延生：菌褶内端沿菌柄下延，如平菇、凤尾菇等。

菌褶的内部通常由菌髓、子实下层和子实层三部分组成。子实层是菌褶最外面的一层，由担子、囊状体、缘囊体组成。菌髓是由子囊或担子等组成的一个能育层，整齐排列成栅状，位于子实层的表面。子实下层是菌褶中很薄的组织，居于子实层和菌髓之间。

3. 菌柄

菌柄是菌盖的支撑部分，也是输送水分和养料的器官。除少数食用菌无菌柄或仅具有短柄外，绝大多数种类均具有圆柱状的菌柄，但形状、质地、表面特征及在菌盖上的着生位置因种类而异，也可随生长阶段的不同而发生一些变化。工厂化生产中的菌柄与野生状态的菌柄有很大差别，如金针菇和杏鲍菇。菌柄有圆柱形、棒状、纺锤形等不同形状；可直立、弯曲或扭转；有分枝的，也有基部联合的；通常有肉质、纤维质、革质、脆骨质等不同质地；内部有中空、中松和中实三种情况；多为白色、灰白色，也有其他颜色。菌柄与菌盖的着生关系有如下三种形式。

（1）中生：菌柄着生于菌盖的中心，如蘑菇属（*Agaricus*）、红菇属（*Russ-ula*）等菌类。

（2）偏生：菌柄着生于菌盖的偏心处，如香菇（*Lentinula edodes*）。

（3）侧生：菌柄着生于菌盖的一侧，如平菇（*Pleurotus ostreatus*）。

4. 菌环

菌环是内菌幕残留在菌柄上的环状物。子实体发育早期，菌盖边缘和菌柄间由一层包膜（即内菌幕）相连接，子实体长大后，内菌幕破裂，一部分内菌幕留在菌柄上呈环状，此环状物即为菌环。菌环可能着生在菌柄的上部、中部、下部，它的着生方式是分类时的主要依据。

5. 菌托

有些伞菌（如草菇）在子实体幼小时，外面包裹一层菌膜，即外菌幕。当子实体长大，外菌幕随之破裂，残留在菌柄基部的部分被称为菌托（或脚苞）。菌托的形状有苞状、杯状、鳞茎状、杵状、鞘状，有的由数圈颗粒组成。

除担子菌的子实体外，还有子囊菌的子实体。比较典型的如虫草，可分为虫体+菌核+子座。除有性繁殖之外，还有无性繁殖，如节孢子（香菇）、粉孢子（金针菇）、厚垣孢子（草菇）、分生孢子（黑木耳）等。

2.2 食用菌的分类地位和命名

在真菌分类系统中，具有进化概念和代表性的真菌分类系统主要有 Whittaker 系统（1959）、Martin 系统（1961）、Ainsworth 系统（1973）等（杜秀菊，2005）。真菌学研究者在实践中经常参照和应用的系统一般是以 Martin 为代表提出的四纲分类系统，即将真菌归属植物界的菌藻植物门，下分黏菌和真菌 2 个亚门，真菌亚门再分 4 个纲，这一分类系统在 19 世纪末到 20 世纪 70 年代中期，曾被世界各国的真菌学者广泛接受和采用。在 200 多年的真菌研究中，随着科学技术的发展，在国际菌物研究的大背景下，我国近现代菌物学和菌物分类系统研究也深受影响。从最开始的植物病原真菌的研究到现在真菌、黏菌、卵菌等菌物的研究，出现了邓叔群（1963）的"四纲一类"系统、戴芳澜（1976，1987）的"三纲一类"系统、周宗璜（1981）的"三纲"系统、邵力平（1984）的真菌门下设 5 个亚门和邢来君（2010）的真菌界下设"四门一类"，我国菌物的研究正在不断深入和进步。

2.2.1　分类地位

菌物的分类和其他生物（如植物）一样，也是按界、门、纲、目、科、属、种的等级依次排列（表2-1）。必要时还可以分出亚门（subdivisio）、亚纲（subclassis）、亚目（subordo）、亚科（subfamilia）、族（tribus）、亚族（subtribus）、亚属（subgenus）、亚种（subspecies）分类辅助等级（徐德强和肖义平，2006）。种（物种）是菌物分类的基本单位，种下有时还可划分为变种（var.）、亚种（subsp.或ssp.）、变型（f.）。

表 2-1　菌物分类单位

中文	英文	拉丁文
界	kingdom	*regnum*
门	division	*divisio*（*phylum*）
纲	class	*classis*
目	order	*ordo*
科	family	*familia*
属	genus	*genus*
种	species	*species*

属以上的等级都有标准化的词尾，门为-mycota，亚门为-mycotina，纲为-mycetes，亚纲为-mycetidae，目为-ales，亚目为-ineae，科为-aceae，亚科为-oideae。

关于菌物的归属问题更是几百年来困扰分类学家的一个难题。在最古老的两界分类系统（Linnaeus，1753）中菌物属于植物界菌物门，这一说法一直被沿用到三界系统（Hogg 1800 年和 Haeckel 1866 年系统）、四界系统（Copeland 1938 年和 1956 年系统），直到把它放入原生生物界为止（图力古尔，2000）。1969 年，Whittaker 在他的五界系统中首次将菌物独立为一界。在承认菌物界的前提下其界内分类系统的提出较为活跃，分歧也较大。到目前为止，影响较大的菌物分类系统有 10 余个。其中，备受推崇的是最近出版的《菌物词典》第 10 版中的系统，将菌物分为三个界，即原生动物界（Protozoa）、假菌界（Chromista）和真菌界（Fungi）。在真菌界中，六个门归属于真菌界，有子囊菌门（Ascomycota）、担子菌门（Basidiomycota）、壶菌门（Chytridiomycota）、球囊菌门（Glomeromycota）、微孢子虫门（Microsporidiomycota）及接合菌门（Zygomycota）（张进武，2016），比先前的版本增加了球囊菌门和微孢子虫门，这两个类群以前分别归属于接合菌和原生生物，并把原属于"真菌"的黏菌门（Myxomycota）放到了原生动物界（包海鹰，2005）。

本书采用的分类系统是结合目前广泛推崇的《菌物字典》第 10 版中的系统，采用真菌界下"2+6"门系统（"2"指分类单元和分类结构稳定的担子菌门和子囊菌门，"6"指分类级别还没有完全确定的 6 个门）。

原生动物界 Protozoa
　　集胞黏菌门 Acraciomycota
　　网柄黏菌门 Dictyosteliomycota
　　黏菌门 Myxomycota
　　根肿菌门 Plasmodiophoromycota
　　原柄菌门 Protosteliomycota
假菌界 Chromista
　　丝壶菌门 Hyphochytriomycota
　　网黏菌门 Labyrinthulomycota
　　卵菌门 Oomycota
真菌界 Fungi
　　子囊菌门 Ascomycota
　　担子菌门 Basidiomycota
　　壶菌门 Chytridiomycota
　　接合菌门 Zygomycota
　　球囊菌门 Glomeromycota
　　微孢子虫门 Microsporidiomycota
　　芽枝霉菌门 Blastocladiomycota
　　新丽鞭毛菌门 Neocallimastigomycota

2.2.2　命名

　　菌物分类是根据菌物类群的性状、形态特征等相近或相异的程度来归并或分开菌物类群，并依据这些菌物类群相互之间差异的大小和亲缘关系的远近予以排序（康曼，2007），使每一种菌物都有一个合适的地位，再根据国际命名法规和分类系统对每种菌物进行命名，以便互相交流有关菌物的知识，并尽可能地反映已知菌种之间的亲缘关系。

　　虽然人们在实际生活中对许多菌物比较熟悉，能较好地加以利用，并给予一定的名称。但由于地区和文化的不同，往往同一种菌物在不同的地区有不同的名称，其至同一菌物在同一地区也有好几种通俗名称，如香菇［*Lentinula edodes* (Berk.) Pegler］在我国不同的文献中有许多不同的名称——香信、冬菇、厚菇、薄菇、香蕈、栎菌、板栗菌、香皮褶菌、椎茸等，这种情况势必会造成不必要的混乱，也不利于学术交流。

1. 命名规则

林奈（C. Linnaeus）对生物界的最大贡献就在于 1753 年创立了"双名制命名法"，即所谓的拉丁学名，这个学名由拉丁文的两个词组成（王庆煌，2004）。第一个词是属名，其第一个字母必须大写；第二个词是种加词，其字母均为小写；最后加上命名人的姓或姓名。属名是一个名词，种加词常为形容词。手写体的拉丁学名，在属名和种加词下应加横线，而在印刷时则应用斜体字，如榆黄蘑（*Pleurotus citrinopileatus* Singer）。当属以下的分类群，由这一属转移至另一属或另一种时，如等级不变，因它原来的种加词在新的位置上依然是正确的而被留用，这样组成的新名称称为"新组合"，原来的名称则称为基原异名。这种情况下应将原来定名的作者的姓或姓名写在圆括号内，重新予以组合的作者的姓或姓名写在圆括号之外。例如，瑞典植物学家德堪多发表了一个种为杏鲍菇（*Agaricus eryngii* DC.），后来吕西安·凯莱把该种移到侧耳属（*Pleurotus*）中，则杏鲍菇拉丁名应写成 *Pleurotus eryngii* (DC.) Quél.。如果命名人是两个人，则在两位作者的姓或姓名之间用"et"或"&"连起来，如黑牛肝菌［*Phlebopus portentosus* (Berk. & Broome) Boedijn］。如果一个种由一位作者命名，但未合格发表，后来由另一位作者合格发表了，则在两位作者的姓之间用"ex"连起来，合格发表的作者写在后面，若要缩写，则因合格发表的作者更重要，故应予保留，如红平菇［*Pleurotus djamor* (Rumph. ex Fr.) Boedijn］。如是变种，应在种名后写上"variety"（变种）的缩写"var."字样，其后再写变种的词和命名人的姓或姓名，如阿魏侧耳［*Pleurotus eryngii* var. *ferulae* (Lanzi) Sacc.］。命名人应按规定缩写，如 Linnaeus 缩写成 L.，Fries 缩写成 Fr.，Persoon 则缩写成 Pers.等，不能随意缩写。

2. 命名法规

为了避免混乱，便于世界各国通用，工厂化食用菌的命名和其他生物一样，是按照统一的命名法规——《国际植物命名法规》予以命名的。这个法规是 1867 年在法国巴黎召开的第一次国际植物学会上形成的第一个法规（即"巴黎法规"）。这个法规对具复型生活史的真菌类和归隶入型式属的化石的名称做了补充（Greuter et al.，2016）。具体修改如下：①命名法规的名称由《国际植物命名法规》改为《国际藻类、菌物和植物命名法规》（*International Code of Nomenclature for Algae, Fungi and Plants*）；②拉丁文或英文撰写菌物新分类单元特征集要或描述；③电子出版物；④以电子版 PDF 格式（推荐格式为 PDF/A）发表的新名称均为有效发表；⑤菌物名称注册；⑥一个菌物一个名称；⑦认可名称的模式标定。菌物名称的使用不再以其为无性型或有性型模式所标定的名称来决定，而完全遵循发表日期的优先律，虫草属会有一些无性型的问题，工厂化食用菌大多不涉及无性型发表的问题。

2.3 食用菌的生理生态条件

真菌整个生活史可以粗分为营养生长和生殖生长两个阶段。前者是构建菌体，后者是在前者的基础上，进入生殖期，为繁衍群体做贡献。从孢子的萌发开始，进入菌丝体的生长阶段，经过组织分化，最后转入子实体的形成阶段。食用菌在适宜的环境条件下生长时，从外界不断地吸收营养物质，进行同化和异化。这两个方面的代谢作用，看起来相反，实际上都是为了个体的生长和发育，它们是并存不悖的。

2.3.1 营养生长

食用菌生长的实质是细胞体积的增大和数量的增多。例如，孢子萌发，先是吸水后长出芽管，这就是一次菌丝。异宗结合的食用菌，还要经两种不同交配型的菌丝融合后，成为二次菌丝。从芽管成长为菌丝，菌丝生长壮大，分枝交错成为菌丝体（在人工固体培养基平板上，明显地形成菌落）。

生长是个较模糊的名词，因为它也带有发展和分化的内涵。例如，菌丝的特异化（如菌索），又如有些真菌可在营养条件或 CO_2 浓度改变或温度改变的情况下发生第二种形态（如鲁毛霉在缺少 O_2 的情况下会变为酵母状）。但是，芽管的伸长，菌丝隔膜的形成，琼脂平板上菌落直径的增加，液体中菌丝干重的变化等，是常规而具体的生长概念。细胞生长时，细胞延伸和长大，必然伴随细胞壁的增加。细胞若要分裂增多，也必然要构建新的亚细胞结构或各种细胞器。在此过程中，物质的吸收、活跃的代谢、前体物质的产生与转运也都是生长的表现。

1. 菌丝的生长点

食用菌菌丝是随着顶端生长而伸长的。在顶端下面的亚顶端区，内质网和高尔基体不断制造泡囊。泡囊中含有丰富的多糖、几丁质合成酶、溶壁酶（lytic enzyme）、酸性磷酸酯酶、碱性磷酸酯酶和几丁质前体。目前普遍认为，当菌丝生长时，泡囊随原生质被运送到菌丝顶端，与原生质膜结合后释放其内含物。泡囊携带的各种溶壁酶先将细胞壁中的微原纤维和多糖溶解，使细胞壁软化；然后，细胞壁合成酶将几丁质前体合成几丁质和多糖，并将它们填充到细胞壁内，合成新的细胞壁。

菌丝生长点的生长过程，简单来讲，就是泡囊携带的各种酶使原有细胞壁不断分解，同时又不断合成新细胞壁的过程。顶端泡囊的作用包括以下几点：①运输能使原有细胞壁各成分之间的连接键断裂，并加入新的成分的多种酶；②运输能够参与新的胞壁合成的前体物质；③融合进入原生质膜，增加原生质膜的表面积。

2. 顶体的作用

在顶体区产生的细胞壁合成物质称为顶部泡囊簇。据报道，顶部泡囊簇是由内质网（ER）产生泡囊的前体，之后这些前体原料运送至高尔基体（GB），经过其加工，分泌出泡囊。泡囊被转运到细胞膜，在那里合成细胞壁物质，从而构建顶端细胞壁，使细胞得以伸长。关于细胞壁产生的生理生化过程，Burnett（1976）曾做出了如下总结：

（1）含有溶壁酶的泡囊与细胞膜融合；

（2）溶壁酶被转运至原有的细胞壁，将其中一些微纤丝解体，而且使其化学键遭到破坏；

（3）胞壁合成酶和某些前体物质由泡囊带到质膜；

（4）新的微纤丝原料在新的胞壁所在地点就地合成；

（5）重建出一个新的细胞壁单位。

上述现象在高等植物的花粉管生长过程中也同样出现，而且高尔基体在动物界和植物界也同样存在，因此可以得出菌物在系统发育上处于真核多细胞生物的较高水平。

3. 生长速度的变化

食用菌的萌发与生长和其他生物一样，也有其自身的节奏和规律。就生长速度而言，可分为 5 个阶段：起步（或缓慢）期、加速生长（或对数生长）期、减速期、停顿期、死亡期。这些变化与生理生化相关，如反映生理机能的变化，多数与菌龄和生长条件有关。目前，人们采用连续培养（continuous culture）的方法，通过不断补充营养物质，洗脱或排除有毒或老化物质，或不时纠正不适合的 pH，保证菌丝处于最适生长环境，以维持其生理机能。

4. 养分的输送

培养基内的菌丝吸收养分，经由细胞通道，输送到菌丝的顶端。可以通过具荧光或放射性同位素进行示踪显影来解释。菌丝是由多细胞组成的中空的管状结构，不同细胞之间通过隔膜上的孔道联系在一起，各种小分子物质能够实现流通，由此起到运输养分的作用。

5. 双核化

按照发育的顺序，菌丝体可分为初生菌丝体（primary mycelium）、次生菌丝体（secondary mycelium）和三次菌丝体。刚从孢子萌发形成的菌丝体称为初生菌丝体（又称一次菌丝体），这种菌丝特别纤细，菌丝每个细胞中都含有 1 个细胞核，因此又称单核菌丝（uninucleate hyphae）。但双孢菇除外，其多数担孢子萌发时就含有 2 个核。

担子菌中初生菌丝体生活时间很短，在初生菌丝体上可形成厚垣孢子、芽孢子和分生孢子等无性孢子。一般而言，单核菌丝只有经过双核化形成双核菌丝后才能形成子实体（彭卫红等，2001），即 2 条初生菌丝经过原生质融合（质配），发育成次生菌丝体，次生菌丝体中 2 个单核菌丝体的细胞核并不融合，所以次生菌丝体的每个细胞含有 2 个细胞核，故又称双核菌丝（dicaryotic hyphae）。

子囊菌，如羊肚菌、马鞍菌、块菌、盘菌等，是由单核孢子形成的单核菌丝，首先扭结形成子实体原基，再经体细胞的结合形成双核化的产囊丝，进而发育成含子囊和子囊孢子的子实体。由此可见，羊肚菌子实体的产生非常困难，不仅要满足其不同阶段的营养需求，还需要刺激体细胞的结合。了解和掌握羊肚菌有性过程产生的条件，将是解决羊肚菌栽培问题的关键。

担子菌中的绝大多数都是先由单核孢子萌发形成具有横隔的单核有隔菌丝体，即初生菌丝。可亲和的单核菌丝进行质配，就形成每个细胞中具有 2 个核的双核菌丝，即次生菌丝（陈炳智等，2017）。这种菌丝粗壮，分枝多，可长期生活，不断繁衍，当条件适宜达到其生理成熟所需时，就扭结形成担子果。假如条件不适宜子实体形成，不论单核菌丝或双核菌丝都有形成无性孢子的能力，如草菇、双孢菇菌丝的厚垣孢子，滑子蘑、银耳菌丝的节孢子，金针菇菌丝顶端的粉孢子等都属于无性孢子。

由孢子或转接的菌丝块形成的菌丝集合体称为菌落（colony），通常是由中心点向四周呈辐射状扩展。由于中心老菌丝体死亡，周围新生菌丝体常形成圆形、半圆形或马蹄状。在自然条件下，尤其在草原上可形成明显的蘑菇圈或仙人环，这种蘑菇圈直径可达几米或几百米。可形成蘑菇圈的常见种类有硬柄小皮伞、野蘑菇、松口蘑、高环柄菇、雷蘑等。

在担子菌纲中约有半数的物种，如侧耳、香菇、银耳、木耳等，其双核化菌丝具有形成锁状联合（clamp connection）的特征，即在双核菌丝的横隔处产生 1 个锁扣形的侧生突起（图 2-1）。这样，凡具有锁状联合的菌丝可以断定是双核菌丝。但还有许多具有双核菌丝的担子菌如双孢菇等并不形成锁状联合，这一点在利用锁状联合作为鉴定杂合子的指标时就需特别注意。

双核菌丝体进一步发育就可形成一些特殊化的组织，如菌核、菌索及子实体等。这些已经组织化了的双核菌丝体称为三核菌丝体（又称结实性双核菌丝）。在环境不良或繁殖时，一些子囊菌或担子菌通常形成疏松的菌核、菌索、子座等变态状菌丝组织体。它们在繁殖、传播及增强对环境适应性方面有很大的作用。

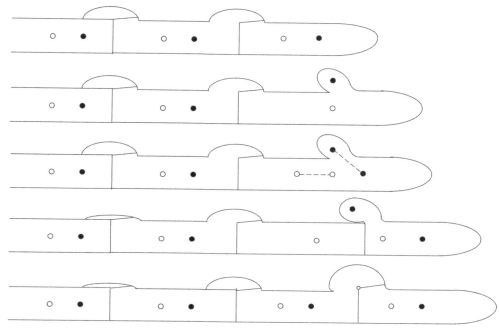

图 2-1 锁状联合形成过程

（1）降解、吸收培养基中的营养物质。

（2）对降解、吸收后的营养物质具有输送作用。

（3）对营养物质具有贮藏作用。

（4）具有无性繁殖的作用。

菌丝体营养吸收原理：菌丝体和培养基质紧密接触时，菌丝顶端分泌各种胞外水解酶，在基质表面扩散，将大分子碳源、氮源及矿质元素降解成可溶性的小分子或离子，使之能够通过细胞壁、细胞膜进入菌丝细胞内，供生长发育利用。

6. 子实体的形成

食用菌在营养生长时期通过代谢形成较庞大的菌丝体，为子实体的发生成长贮备丰富的生物量。当菌丝体生理成熟后，即转入子实体的分化与发育阶段。食用菌子实体的分化和发育，大致可以划分为：原基形成、原基发育、菇蕾生长、子实体发育、孢子（有性孢子如担孢子或子囊孢子）成熟并传播。

原基是指子实体发育的最初阶段。食用菌部分双核菌丝分化为三生（三次）菌丝，组成菌索，菌索的内层顶端细胞分化为原基胚细胞，并以此逐渐发育为菇蕾，最后成长为子实体。担子菌的双核阶段，一直要持续到幼担子长成的时候，双核才进行核融合，成为双倍体单细胞核，并立即进行一系列的细胞学或遗传学过程，染色体进行减数分裂，然后四分体子核进入担孢子，从而恢复单倍体单核世代。

2.3.2 生殖

食用菌属于高等真菌，具有真菌的遗传变异规律（赵姝娴等，2007）。食用菌同其他生物一样，最本质的特征是亲代和子代的相似性。了解食用菌的遗传变异原理，对发展食用菌生产具有重要的意义（刘化民，1984b）。它将使我们更深刻地认识食用菌，更有效地改造和利用食用菌，从而培育出更多高产优质的菌种。

2.3.2.1 有性生殖与有性孢子

通过两性生殖细胞的结合而产生新个体的过程称为有性生殖。食用菌在有性繁殖中，通过减数分裂形成有性孢子，菌物的有性孢子主要有 5 种类型：休眠孢子囊、卵孢子、接合孢子、子囊孢子和担孢子。食用菌的有性孢子一般为子囊孢子或担孢子。

与高等动植物不同，食用菌没有专门的性器官，有性生殖一般表现为 2 个可亲和的有性孢子（担孢子）萌发形成的两种形态无差别但性别不同的初生菌丝之间的结合，其整个过程可分为质配、核配和减数分裂 3 个阶段（曲晓华，2004）。

食用菌不同性别的菌丝能否结合，主要取决于菌丝的不亲和性因子。根据菌丝不亲和性因子的情况，可将食用菌划分为不同交配系统，食用菌的不亲和性又称为不相容性，当不同性别的菌丝相遇时，如果能够发生质配、核配和减数分裂，则说明该食用菌是亲和的，否则就是不亲和的（刘化民，1984a）。食用菌的不亲和性与单核菌丝的性别关系很密切。高等担子菌的遗传研究和真菌一样，起始于生活史，随之进入性特征及性模式的研究并揭示出不亲和因子与异核化之间的关系，现已成为食用菌育种的理论基础。

根据同一孢子萌发生长的初生菌丝能否自行交配这一特征，可将食用菌的有性生殖划分为同宗结合和异宗结合两大类。

1. 同宗结合

同宗结合是一种"雌雄"同体、自身可孕的有性生殖方式。同宗结合的食用菌，不需要两个不同来源的菌丝的交配，由同一单孢子萌发生成的初生菌丝自行交配即可完成有性生殖过程。在已研究的担子菌中，大约只有10%属于同宗结合。同宗结合又可分为如下两种类型（姚方杰，2002）。

（1）初级同宗结合（primary homothallism）：减数分裂产生的担孢子类型相同，同一单核担孢子萌发生成的同核菌丝间自行交配，形成双核菌丝的有性生殖过程（姚方杰等，2005）。草菇就是最常见的初级同宗结合的食用菌（陈明杰等，2000）。

（2）次级同宗结合（secondary homothallism）：每个担子同时产生 2 个担孢子，每个担孢子内含有 2 个性别不同的细胞核。担孢子萌发后，就能形成双核的能产生子实体的菌丝体。双孢菇可作为次级同宗结合的代表，其担孢子内含有"+"、"–" 2 个核，每个担孢子萌发形成的菌丝体都是异核体，不需要再进行交配就可以完成生活史（周会明，2011）。

2. 异宗结合

进行异宗结合生殖的食用菌占绝大多数。同一担孢子萌发生成的初生菌丝带有一个不亲和的细胞核，不能自行交配，只有两个不同交配型的担孢子萌发生成的初生菌丝之间进行交配才能形成双核菌丝，进而完成有性生殖。异宗结合是担子菌中普遍存在的有性生殖方式，约占已报道担子菌总数的 90%。

根据控制交配型的交配因子是一对还是两对，将异宗结合划分为两种类型，受单因子控制的二极性异宗结合（占异宗结合的 25%）和受双因子控制的四极性异宗结合（占异宗结合的 75%）（刘化民，1984a）。

1）二极性异宗结合

二极性异宗结合又称单因子二极性异宗结合。交配型由 1 对 A 因子控制，因此，1 个子实体所产生的担孢子分成两种不同的交配型。只有不同交配型（A1 与 A2）的菌丝交配，才能形成双核菌丝。A 因子有两个作用：①决定 2 个菌丝体的融合；②控制细胞核的移动。在双核菌丝体形成子实体时，减数分裂后四分体的产物为两种类型的担孢子，即 4 个担孢子中 2 个是 A1、2 个是 A2。来自同一子实体的大量单核孢子萌发的单核菌株之间两两组合，成功形成双核菌丝的概率为 50%（表 2-2）。二极性异宗结合的食用菌有滑子蘑、大肥菇（双环蘑菇）等。

表 2-2　二极性系统同一菌株担孢子之间的交配反应

交配型	A1	A1	A2	A2
A1	–	–	+	+
A1	–	–	+	+
A2	+	+	–	–
A2	+	+	–	–

注："+"表示亲和性；"–"表示不亲和性

2）四极性异宗结合

交配型由 A 和 B 两对非连锁的等位基因（交配因子）所控制，即交配因子 A 和 B 在减数分裂时独立分离与自由组合。因此，一个子实体所产生的担孢子包括

4 种不同的交配型（康亚男等，1992），即 A1B1、A1B2、A2B1、A2B2。只有 2 对因子都不相同，即 A1A2、B1B2 这样的组合，才能完成有性生殖过程。常见的栽培食用菌中，香菇、平菇、银耳、金针菇等均属于这一类型。四极性异宗结合的食用菌同一菌株所产生的担孢子之间的交配反应见表 2-3。

表 2-3　四极性系统同一菌株担孢子之间的交配反应

交配型	A1B1	A1B2	A2B1	A2B2
A1B1	-	F	B	+
A1B2	F	-	+	B
A2B1	B	+	-	F
A2B2	+	B	F	-

注："+"表示完全可亲和性；"-"表示不亲和性；B 和 F 表示半亲和性

由表 2-3 可知，在四极性食用菌中，同一菌株的担孢子之间有 25% 是可亲和的（李安政和林芳灿，2006）。但是，更深入地研究双因子控制系统时，还必须考虑不亲和性因子是由 2 个连锁的亚单位 α 和 β 所组成。在 A 因子中，有 A1 因子和 A2 因子，在 B 因子中有 B1 因子和 B2 因子，通过杂交可产生次级重组体。因此，严格说来，在四极性食用菌中，同一菌株的担孢子交配后，可亲和子代的比例不是 25%，而是或多或少地大于 25%。

必须指出，上面所谈到的是四极性食用菌同一菌株担孢子间交配反应的情况，而来自不同菌株的担孢子间配对，则不受此限制。由于不同菌株间 A 和 B 因子所含的成对基因都有广泛的复等位基因的性质，通常它们的担孢子间配对的亲和率很高，几乎可以随机地相互配对（邹锋，2012）。

了解不同食用菌的有性生殖特性，在生产上有重要的实际意义。属于同宗结合的食用菌，由于自身可以形成双核菌丝并产生子实体，因此担孢子萌发得到的纯菌丝体可直接用于出菇实验（林范学等，2013）。而异宗结合的食用菌，只有用亲和的单核菌丝体结合后形成的异核的双核菌丝体作菌种，才能培育出子实体，满足生产需要。

食用菌的孢子一直不是研究的热点，但是孢子的意义与植物种子的意义一样，但孢子不等同于双倍体的植物种子。掌握食用菌孢子的形态构造、化学成分及其与生理功能的关系，了解食用菌孢子发育、成熟的过程和特点，熟悉食用菌孢子休眠、活力、寿命、萌发，以及孢子处理的概念、机理和变化规律，并运用这些理论来阐明孢子制作、贮藏和质量检验的技术原理，对食用菌孢子的深入研究具有重要的意义。

食用菌子实体的形态各异，其传播孢子的形式也各有神通。双孢菇担孢子是从成熟子实层上弹射出来的。首先是在担孢子与担孢子小梗间分泌出水滴，水滴在几秒钟内膨大到最大体积。之后，由于渗透压作用，水滴带着担孢子迅速与小梗脱离，弹射而出，飞散到远处。双孢菇担孢子萌发及结实性除能决定它们的遗传性状外，还受外界环境条件影响。吉林农业大学科研团队研究表明子囊菌的弹射和其他种子一样，孢子也存在萌发的问题：20%的马铃薯汁液、10mg/kg 的异戊酸、细胞分裂素、2%的双孢菇菌种汁、1mg/kg 的三十烷醇和 4mg/kg 的异戊酸能诱导孢子萌发，而酵母汁、蛋白胨、生理盐水、糠醛和 1%的葡萄糖均不利于孢子的萌发。高浓度的二氧化碳则抑制双孢菇担孢子萌发。双孢菇担孢子萌发的最佳 pH 为 6，当 pH 小于 3 或大于 9 时，会抑制其萌发。

2.3.2.2　无性生殖与无性孢子

不通过生殖细胞的结合而由亲代直接产生新个体的生殖方式称为无性生殖。在无性繁殖中，食用菌不经过减数分裂，没有重组便产生无性孢子。无性孢子主要有：游动孢子、孢囊孢子、分生孢子和厚垣孢子。

在真菌中，无性生殖的方式有菌丝体断裂、裂殖（裂殖酵母菌属菌类）、芽殖（银耳芽孢子）、原生质割裂（假菌界和壶菌门菌类）。在食用菌栽培中，子实体、菌索、菌核的组织分离及菌种转管（瓶）传代，都是利用食用菌无性生殖的特性繁殖后代的（曲晓华等，2004）。

2.3.2.3　食用菌的准性生殖

准性生殖（parasexuality）是不通过减数分裂而进行基因重组的一种生殖方式，常见于丝状菌（包括食用菌和霉菌）中。准性生殖过程包括异核体的形成、杂合二倍体的形成，以及有丝分裂交换和单倍体化。准性生殖和有性生殖都是导致基因重组的生殖过程。通过准性生殖也可以在食用菌中进行杂交育种。

2.3.3　生理

食用菌的生长、发育及繁殖等生命活动，都贯穿着新陈代谢这种生理活动。新陈代谢包括两方面：一方面是将物质分解，放出能量，供各种生命活动之用，称为分解代谢（catabolism）；另一方面是菌体的构建，称为组成代谢或合成代谢（anabolism）。二者息息相关，交叉进行或同步进行。代谢过程包括物质代谢和能量转换，它的作用效果是以细胞为"车间"的菌体构建和生长发育。代谢所涉及的问题有："车间"设施、物质的分解与合成、酶及其在物质代谢中的作用、呼吸和能量转换、大分子有机物质的生物合成、次生代谢及其产物、代谢调节等。很明显，整个代谢过程，真菌都需要从外界吸收营养物质，来达到完成菌体构建和获取自由能的目的。

2.3.3.1 物质代谢

食用菌都是管状的菌丝,菌丝的顶尖细胞在个体发生(ontogenesis)中起着决定性作用。菌丝分隔,每隔为一个细胞,每个细胞好似一个微型车间,其中的各个部分称细胞器,好似各种机件,分工明确,高效协作。菌丝细胞间各自独立,又组合成连贯的菌丝整体,共同执行菌丝的任务。

食用菌多数是腐生型真菌,通过自身分泌多种酶,将培养基质中高分子的纤维素和木质素水解为可溶性的低分子单糖,并加以吸收利用,供给菌丝和子实体生长发育(李育岳和汪麟,1985)。食用菌菌丝中含有四大类多聚体大分子生化物质,即糖类、脂质、蛋白质和遗传物质,此外还有一些小分子物质和矿质元素。它们的功用为:菌体结构物质、化能储备物质和传递遗传信息的物质。食用菌构建菌体所需的营养物质,同其自身组成成分有密切的关系。但由于食用菌种类不同、部位不同,以及培养基和分析时菌龄、生长时条件(温度、pH 等)等方面的差别,菌体化学成分的研究工作进展缓慢。

2.3.3.2 能量代谢

食用菌化学能和热能等能量的产生、转化、利用等均属能量代谢。严格地讲,物质代谢过程都伴随能量的变化。例如,1mol/L 的葡萄糖在酵母细胞内经发酵作用最终生成 2mol/L 的乙醇和 2mol/L 的二氧化碳。这一物质代谢过程中就有多次能量的吸收与释放,最终净生成 16kcal 左右的化学能,被转换成高能磷酸化合物的化学键能贮存在 2mol/L 的腺苷三磷酸(adenosine triphosphate,ATP)中。

糖类物质在食用菌的生命活动中为主要的能源之一。它在食用菌体内经一系列的降解而释放大量的能量,供生命活动的需要。它在降解中产生的中间产物,可作为合成蛋白质及脂肪的碳架,葡萄糖经磷酸戊糖途径降解得到的磷酸戊糖可用于核酸的合成。

呼吸作用在真菌的能量代谢中的作用与其他真核生物相似。呼吸作用的中心结构为线粒体,呼吸包括 3 个相互依存的步骤:三羧酸循环、电子传递、氧化磷酸化。

能量代谢,换言之是贮能与放能的过程,最终目的是实现个体的生长与发育。三羧酸循环,亦称柠檬酸循环或 Krebs 循环,它是联系糖代谢、脂肪代谢及蛋白质代谢的枢纽,也是生物体内营养物质最终被氧化的途径。三羧酸循环每运行一周,可把代谢中大量的化学能释放出来,在释放过程中,通常转换成高能磷酸化合物(ATP)。呼吸链是个"放能装置",它的主要组分为烟酰胺腺嘌呤二核苷酸(nicotinamide adenine dinucleotide,NAD)、烟酰胺腺嘌呤二核苷酸磷酸(nicotinamide adenine dinucleotide phosphate,NADP)、黄素单核苷酸(flavin mononucleotide，FMN）、黄素腺嘌呤二核苷酸（flavin adenine dinucleotide，FAD）、细胞色素（cytochrome，Cyt）等。呼吸链各"成员"的氧化还原电势是由能量水平较高的电子经呼吸链降到能量较低的水平。ATP 的每个磷酸基团中，氧原子由于具有获得电子的倾向而带负电荷，邻近的磷原子则带正电荷。ATP 在水解时去掉了末端磷酸而变为腺苷二磷酸（adenosine diphosphate，ADP），从而释放出大量的能量。其他高能化合物也能够逐步将其贮存的能量释放出来，为细胞生理活动提供动力。

丙酮酸完全被氧化的总化学反应为

$$2CH_3COCOOH+5O_2 \longrightarrow 6CO_2+4H_2O+自由能量$$

这个总反应可以代表真核生物在有氧呼吸的条件下能量代谢的最终结果。

2.3.3.3 "春化"作用

工厂化食用菌大多数要经历一段时间的持续低温才能由营养生长阶段转入生殖生长阶段，这一现象与植物的春化作用相似，因此我们把它称为食用菌的"春化"作用。这一作用能更好地满足其春化阶段对低温的要求。低温处理促进食用菌子实体形成的作用，因真菌的种类而异。有的食用菌没有这一现象。

2.4　工厂化食用菌生长的环境与营养条件

2.4.1　环境条件

2.4.1.1　温度

温度是影响食用菌生长发育的重要因素之一。不同的食用菌品种，甚至同一品种的不同生长阶段，对于温度的要求存在较大差异（宋冰等，2017）。低温出菇的有金针菇和滑子蘑；高温出菇的有草菇；香菇、双孢菇、平菇、猴头菇等属于中低温型食用菌；木耳、银耳及竹荪等属于中温型食用菌。目前，我国的食用菌栽培还处在粗放阶段，但我们一直提倡栽培品种应进行分区。

温度对食用菌生长发育的影响存在以下几种特殊情况。①食用菌的菌丝体耐低温，不耐高温（杨珊珊和李志超，1986）。例如，口蘑菌丝体在自然条件下，至少可耐-13.3℃低温；香菇菌丝体在椴木内遇到-20℃低温仍不死亡；双孢菇在超过 35℃时，5h 就会死亡。②菌丝体生长速度最快时的温度，不一定就是生理上最适培养温度，所以一般生产中会低 2℃管理。例如，双孢菇的菌丝在 24～25℃时，其生长速度虽快，但稀疏无力，不如在 22℃时的菌丝体浓密健壮。③部分食用菌需要变温刺激才能形成原基。就香菇而言，昼夜温差增大，才可以刺激成熟的菌丝体形成原基，等到菇蕾破绽（树皮）而出后，其子实体发育成长所需的温度、水分及空气等条件则另有要求。④子实体阶段不同的食用菌对温度要求更复杂，工厂化食用菌与农法栽培品种有很大的差别，其育种目标主要集中在 18℃以下出菇的品种，生育过程所需的温度可分为菌蕾期温度、抑制期温度、控菇型温度和采收期温度。不考虑营养阶段的育种温度要求，中温型和高温型菇种在工厂化生产中也没有得到足够发展。

工厂化生产食用菌不仅要研究食用菌对温度的生理要求，还需要研究如何让环境达到食用菌最佳生长的标准，如何控制温度均匀，如何设计送风口与菇房顶部的距离、送风温度、送风速度和送风角度，如何耦合湿度、空气、光照来实现全过程的标准化，又如何灵活运用在子实体阶段实现增产。

2.4.1.2 水分

水分不仅是食用菌的重要组成成分，也是其吸收营养的介质和养分输送的工具，同时也是食用菌生长发育过程中必不可少的条件，不同的阶段对基质含水量和空气湿度的要求不同。例如，在香菇和金针菇的代料栽培中，培养料的含水量为干料质量的 1.8~2.6 倍时，菌丝生长最佳。但在子实体分化发育期，则以含水量为干料质量的 2.6~3.4 倍为最佳。

食用菌工厂化过程中，对湿度的要求很精准，一般加湿需要结合对温度和换气的调控，加湿器的位置一般与进风口相对应，与补风补温相配合。同时对水质和加湿器的功率也有严格的要求。另外，食用菌的产量与水有很大的关系，所以对基质持水力的研究成为增产的关键。与以往不同，含水量的另一种计算方法是按湿料中含有水分的百分比计算。一般适合于食用菌生长的培养料含水量约为湿料总质量的 60%，过多的水分会影响菌丝的呼吸，甚至引起料温波动，导致菌丝因缺氧而窒息。在子实体形成发育阶段，水分管理是关键。此时的相对湿度，一般都控制在 80%~95%。同时，使空气流通，如此既能保障菌丝呼吸又能保持子实体湿润。

2.4.1.3 O_2 与 CO_2

一般说来，食用菌都是好气型的，不同的品种及不同的发育阶段对 O_2 的需求量有所不同。呼吸是食用菌代谢中不可或缺的生命活动，吸进的 O_2 与呼出的 CO_2 是密切相关的，CO_2 在空气中的含量过高，对子实体生长发育有毒害作用，但各种食用菌对 CO_2 浓度的耐受能力是不同的。

1959 年，Tschierpe 研究得出，双孢菇的菌丝体在 CO_2 浓度为 10%的情况下，其生长量只能达到在正常空气中生长量的 40%。但 Zadrazil（1975）以 3 种侧耳［糙皮侧耳（*Pleurotus ostreatus*）、佛罗里达侧耳（*P. florada*）和刺芹侧耳（*P. eryngii*）］

为研究材料进行研究，结果证明，在 CO_2 浓度为 20%～30%时，它们的菌丝生长量比在一般空气条件下增加了 30%～40%；只有当 CO_2 的浓度超过 30%时，菌丝的生长量才急剧下降。

Longmore（1968）报道，微量的 CO_2（浓度 0.034%～0.1%）可以刺激双孢菇和草菇的原基形成，但在子实体形成后，由于呼吸旺盛，需增加 O_2 供应，而且 CO_2 浓度超过 0.1%时，就会对子实体产生毒害作用。刘克均和殷恭毅（1983）报道，室内人工栽种平菇，当 CO_2 浓度在 0.1%以下时，子实体可正常形成，但当 CO_2 浓度超过 0.13%时，子实体就会出现畸形。

2.4.1.4 光照

光照对于食用菌子实体分化和发育意义重大，无论是光质、光强和光周期都会对不同的食用菌产生不同的影响。光照对菌丝生长没有积极作用，甚至抑制菌丝生长。在子实体分化和发育方面，已知的栽培食用菌中，只有双孢菇和大肥菇可以在完全黑暗的条件下正常成长，其他食用菌子实体的生长分化均需要光照。光照也需要在其他因素协调的基础上才能发挥作用。

1976 年，安藤正岳将瓶栽香菇分别放在有光和黑暗的条件下培养，先在 25℃条件下培养 75 天，然后置于 10～15℃条件下培养 10 天，结果在散射光下培养的都长满了香菇，而在黑暗条件下培养的均没有出菇。据测定，香菇子实体分化所需的最适光照强度为 10lx。另据报道，适合香菇原基形成的光波长度为 370～420nm，即蓝色波段。在蓝色光下，子实体不但分化速度快，而且其分化数量和菇体成长情况均与全光者相似。然而在菌丝生长阶段，蓝光对灵芝及猴头菇均有害，香菇、木耳、银耳等对蓝光反应不灵敏（李玉等，2011）。

工厂化栽培白色金针菇过程中，运用 200lx 间歇性蓝光来调节金针菇菇蕾的整齐度。在杏鲍菇的工厂化栽培过程中利用蓝光能很好地控制菇型和实现增产。食用菌的光照周期有正常的昼夜周期也有间歇性光照周期，给予平菇的光周期越长，子实体生长越慢，增加给予金针菇的光周期时数，其整齐度也提高，但也应注意与菇盖和产量的平衡。

石川辰夫和宇野（1981）在对长根鬼伞（*Coprinus macrorhizus*）的研究中发现，光照与环腺苷酸（cyclic adenosine monophosphate，cAMP）的代谢调节有关，而 cAMP 是子实体形成的诱导物。

以上对环境因子的设计和选型在食用菌工厂化中是一个系统工程，要分地区、分季节、分菇种、分规模进行，同时针对内部和外部环境的设计要考虑节约成本、节约能量，以免除污染、堵塞、结露、化霜等维护费用，使食用菌工厂化更加合理、节能。具体内容在第 3 章中详述。

2.4.1.5 生物因子

食用菌的生长发育除与外界环境中光照、氧气等物理因素有关之外，还与一些生物因子有相。食用菌与自然环境中的其他生物存在着竞争、共生与寄生等多种关系。例如，菌根的形成天麻的生产都是真菌与其他生物作用的结果。食用菌工厂化生产中，为减少营养成分的损耗，要尽量做到隔离其他生物，进行无菌操作。但银耳、天麻等食用菌的生产必须加入其他共生菌才能正常生长出菇。

在工厂化生产食用菌的过程中，病虫害的防控体系分为以下 4 个层次。

（1）食用菌生长过程不易染菌，食用菌本身质量是关键：良好的种源、较好的菌种质量、优质的培养基、良好的培养和生育环境。只有生长得好的菌丝和子实体才能真正抵抗病虫害，这也包括特异性的抗病品种。

（2）除了有自身的保证，还要消灭病害的环境：厂区日常的清扫和消毒、灭菌要彻底，菌种无污染或隐性污染，及时更换空气过滤，进门需要消毒换装，合理的净化分区。

（3）消除一切污染源：污染菌袋及时处理、废料进行处理、清除可能滋生病菌的杂物、采收时要注意卫生。

（4）食用菌工厂的防控管理：做好病虫害的监控。

2.4.2 营养物质及配比

2.4.2.1 食用菌生长所需的营养物质

食用菌生长所需的营养物质，从总体上来说有碳素、氮素、维生素及矿物质等。

1. 碳源

构成食用菌细胞和代谢产物中碳素来源的物质，即为食用菌的碳源。食用菌可以吸收利用的碳源都是有机物，葡萄糖、有机酸和醇类等小分子物质可以被直接吸收利用，大分子有机物如淀粉、纤维素等需经酶解后才能被吸收利用，无机物如 CO_2 不能被食用菌吸收利用（胡清秀等，2006）。碳源是菌丝生长的能源，用于子实体的形成和组织的构建。制作母种培养基的碳源主要是葡萄糖、蔗糖等；制作栽培种及栽培生产用的培养料主要是富含纤维素、半纤维素、果胶质和木质素的原料，如锯木屑、棉籽壳、稻草、玉米秸秆、麦秸等。近年来，美国、日本在厩肥、木屑等培养料中添加 1%～5%的亚油酸、棉籽油和动物油脂（经乳化处理），能有效提高食用菌产量。

食用菌对营养物质的吸收是依靠细胞来进行的，其吸收机理是通过载体蛋白的转运作用。对于小分子可溶性有机物质，食用菌细胞可以直接吸收利用；对于大分子有机物质，如纤维素、半纤维素、果胶质等，食用菌细胞不能直接吸收利用，要靠自身生产的胞外酶分解后才能吸收利用（刘明广等，2018）。食用菌可以产生分解纤维素、半纤维素和木质素等的酶系，其酶量的多少和活性的高低则因食用菌的种类、采用的基质和所处的生理发育阶段不同而有所不同。例如，香菇在菌丝生长期可同时降解纤维素和木质素，其纤维素酶、羧甲基纤维素酶（CMC）和 β-葡萄糖苷酶及半纤维素酶的活性，从菌丝生长阶段开始逐渐提高，到菇蕾生长时达到活性高峰，采菇开始后，其酶活性迅速降到一个较低水平；而多酚氧化酶和过氧化物酶只在菌丝营养生长阶段出现，在子实体形成时即消失。再如，在菇蕾形成前的营养生长时期，半纤维素和纤维素减少不多，而木质素降解却很迅速；在子实体形成期，木质素不再减少，而半纤维素和纤维素又迅速消耗。这表明了有关木质素酶、纤维素酶及半纤维素酶等的活动规律。

2. 氮源

被食用菌用来构建细胞或代谢产物中氮素来源的营养物质即为食用菌的氮源。它是酶生成之本，可以形成菌体结构，提高菌丝体密度。食用菌的菌丝体主要利用有机物的氮素，它可以直接吸收氨基酸、尿素、氨和硝酸钾等小分子含氮化合物，蛋白质等高分子化合物则须经蛋白酶水解为氨基酸后才能被吸收。栽培食用菌常用米糠、麸皮、豆饼粉、棉籽饼粉、蚕蛹粉及马粪等廉价且良好的氮源。制作菌种常用的氮源有马铃薯汁、酵母汁、玉米浆和蛋白胨等。食用菌虽然能够利用无机氮，但一般生长缓慢（胡润芳和薛珠政，2005）。工厂化配方中的含氮量与子实体含氮量的需求有关，如金针菇子实体的含氮量需求为 1.5%，海鲜菇子实体的含氮量需求为 0.9%～1.05%，杏鲍菇子实体的含氮量需求为 1.2%～1.8%，双孢菇子实体的含氮量需求为 2.2%。

食用菌的栽培原料中，氮源的含量对食用菌菌丝的生长、子实体的形成和发育有很大的影响。在子实体形成时，培养料中的氮素含量必须低于菌丝生长期的氮素含量，含量过高反而不利于子实体的发育和生长。菌丝生长期氮素含量的质量分数以 0.016%～0.032% 为宜，含氮量低于 0.016% 时，菌丝生长不良，甚至受到阻碍。一般来说，菌丝体生长期间培养料中的碳氮比应为（15～20）：1，而在出菇时以（30～40）：1 为宜。不同的食用菌对碳氮比的要求有一定的差异。例如，榆黄蘑在菌丝生长阶段的碳氮比控制在（20～35）：1，双孢菇在该阶段的最适碳氮比则为 17：1。食用菌工厂化需要一个精准的标准，碳氮比过高或过低都不利于细胞生长和外源蛋白表达与积累。过低会导致菌体提早自溶，过高则导致代谢不平衡，最终不利于产物的积累。即使碳氮比处在合适水平，碳源和氮源浓度过高或过低也不利于细胞生长和外源蛋白表达与积累。浓度过高，细胞在发酵过程后期生长缓慢，代谢废物产生较多，最终使得菌体代谢异常，影响外源蛋白合成；浓度过低，培养基所能提供的营养物质有限，影响细胞的繁殖。

3. 无机盐

食用菌的生长发育需要一定的无机盐，如磷酸氢二钾、磷酸二氢钾、碳酸镁、硫酸钙、硫酸亚铁、硫酸锌、氯化锰等。菌丝体从这些无机盐中分别获得磷、钾、镁、钙、铁、锌、锰等元素，其中尤以磷、钾、镁三种元素最重要。所以食用菌培养料中常常添加磷酸二氢钾、磷酸氢二钾及硫酸镁等无机盐（添加量为 100～500mg/L）。

无机盐是食用菌生命活动中不可缺少的营养物质，它的主要功能是构成菌体，也可以作为辅酶或酶的组成成分或维持酶的活性物质（吴鹰，1992），还可以调节渗透压、氢离子质量分数、氧化还原电位等。食用菌所需的无机盐及其功能简述如下。

1）磷

磷是食用菌细胞中主要物质——核酸、磷脂或辅酶等的组成元素。磷参与代谢转化的磷酸化过程中，生成高磷酸化合物。高能磷酸键有贮存和运输能量的作用。磷酸盐还是重要的缓冲液之一。食用菌利用磷的形式一般是磷酸盐，如磷酸二氢钾、磷酸氢二钾、肌醇六磷酸钙镁、磷酸甘油酸钠等。

2）硫

硫是食用菌细胞的重要组成成分，如胱氨酸、半胱氨酸、甲硫氨酸、生物素、硫胺素、硫辛酸、辅酶、环化胆碱硫酸、含硫或巯基的酶等。食用菌利用硫的形式有硫酸钙、硫酸镁、硫酸锌、含硫氨基酸、烷基磺酸盐等。

3）镁

镁主要影响酶系统的活性，是己糖磷酸化酶、异柠檬酸脱氢酶、肽酶、羧化酶及与磷酸代谢有关的酶的激活剂（李慧和兰时乐，2013）。镁在细胞中还起着稳定核糖、细胞膜和核酸的作用。镁一般由含镁的硫酸盐提供。真菌对镁很敏感，质量分数过高会造成镁中毒。

4）钾

钾对糖代谢有促进作用，是许多酶的激活剂。钾还可以控制原生质的胶态和细胞膜的透性。磷酸二氢钾、磷酸氢二钾等除可以作钾源外，还可调节 pH。

5）钙

钙是某些酶的激活剂，对维持细胞蛋白质的分子结构有一定的作用，还与控制细胞的透性有关。食用菌的钙素来源为各种水溶性的钙盐。

6）微量元素

铁、钴、锰、锌等微量元素对食用菌的生理作用也很重要。铁是细胞色素氧化酶、过氧化氢酶、过氧化物酶的辅酶铁卟啉的组成成分，在氧化还原反应中具有传递电子的作用（张智猛等，2003）。铁还是乌头酸酶的激活剂；锰是多种酶的激活剂，也是黄嘌呤氧化酶的组成成分，还参与羧化反应；钴是维生素 B_{12} 的成分；铜是多酚氧化酶和抗坏血酸氧化酶的组成成分，也是硝酸还原酶的必需因子。此外，硼、锌等微量元素对食用菌的生长也具有一定的影响。

4. 生长素

食用菌的生长发育需要某些生长素，如硫胺素、核黄素、泛酸、叶酸、烟酸、吡哆醇和生物素等参与新陈代谢活动（刘淼，2014；Stanley et al.，2011；Velázquez-Cedeño et al.，2002）。食用菌对生长素的需要量很少，但不可缺少，一旦缺少，就会影响其正常的生长发育。例如，硫胺素以辅酶的形式促使香菇、双孢菇菌丝体中贮存的养分顺利地转移到子实体中，促进香菇、双孢菇形成子实体。

马铃薯、麸皮、米糠、麦芽和酵母中都含有丰富的维生素，用这类原料配制培养基时就不必另外添加维生素。维生素不耐高温，在 120℃ 以上时易被破坏，因此在培养基灭菌时需注意灭菌温度和时间。

食用菌工厂化生产过程中，应根据一些现象来判断培养基是否合适。例如，现磨的玉米粉维生素 H 含量高，可以延缓食用菌细胞衰老，故经常用来延长出菇时间。水菇（金针菇）是因大量使用米糠造成的，工厂化栽培的培养基一般会用它糊化固定培养基。高氮会造成畸形菇（杏鲍菇）。白色子实体品种如白玉菇、金针菇、海鲜菇，应选用速生树种（软质树种）。

2.4.2.2　营养物质的配比及 pH 调节

1. 碳氮比

碳氮比（C/N）是指培养基质中碳素和氮素的比值，这里的碳素和氮素指的是食用菌能够利用的碳素和氮素。许多学者认为食用菌的菌丝生长阶段和子实体形成发育阶段所需求的 C/N 不同，甚至在孢子萌发的短暂时间里，C/N 也有差别。食用菌在菌丝迅速生长期间，其基质的 C/N 高，往往有利于脂肪的合成，基质 C/N 约为 30：1 最佳。在子实体分化发育阶段，C/N 过高，则不能形成菌蕾；C/N 过低，则会使众多的原基夭折；基质 C/N 约为 18：1 最佳。在孢子萌发的前期需 C/N 高，后期需 C/N 低，说明其内呼吸作用在前期需动用并消耗其所贮存的脂质和糖类，而在后期需动用并消耗其贮存的蛋白质和核酸等主要含氮的物质。但食用菌的品种不同，所采用的合成培养基的组分也不同，对培养基质 C/N 的要求也不同。例如，猴头菇在玉米秆培养基上，其菌丝虽能生长良好，但迟迟不能出菇；香菇生长在栎树叶培养基上，也有类似的情况，即菌丝生长特别旺盛，但长期不能形成子实体。

一些研究者认为，C/N 不是按大分子聚合物中所含的 C 或 N 的量计算的，而是以高分子化合物解聚后所产生的可溶性化合物（如葡萄糖或氨基酸，或一般的化学营养物质）的量为依据计算的。

2. 酸碱度

酸碱度（pH）是影响食用菌新陈代谢的重要因素。大多数真菌是喜酸性基质的，一般能适应的 pH 范围为 3～8，其最适的 pH 因品种不同而略有差别。香菇的最适 pH 为 4.0～5.4，木耳的最适 pH 为 5.0～5.4，双孢菇的最适 pH 为 6.8～7.0，金针菇的最适 pH 为 5.2～7.2，猴头菇的最适 pH 为 4.0，草菇的最适 pH 为 7.5（马银鹏，2012）。这里需要指出的是，猴头菇最耐酸性培养基，草菇则较耐碱性培养基。此外，高压灭菌往往会降低培养基的 pH，在生长的过程中，菌丝的代谢产物中往往也产生某些有机酸，使 pH 下降。因此，在配制培养基时，加入适量磷酸氢二钾等缓冲物质，可使培养基的 pH 得到稳定。在产酸过多时，可添加适量的碳酸钙等，使 pH 得到调整。

【思考题】
1. 简述食用菌的细胞结构及各结构的功能。
2. 名词解释：菌丝、菌丝体、菌褶、菌环、菌柄、菌索。
3. 食用菌生长发育的环境条件有哪些？
4. 食用菌生长发育需要的营养物质包括哪些？
5. 食用菌的生殖方式包括哪些？
6. 简述四极性异宗结合食用菌同一菌株担孢子间交配反应的原理。

第3章 工厂化食用菌栽培技术

3.1 菌 种 分 离

菌种分离是指在无菌条件下将所需要的食用菌与其他微生物分开，在适宜条件下培养以获得纯培养物的过程。分离纯化得到的纯培养物即母种，母种的质量是菌种生产的基础，也是食用菌生产的关键。食用菌菌种的分离方法，主要有孢子分离法、组织分离法和基内菌丝分离法3种（马红英等，2013）。根据不同的品种和需要选择使用。

3.1.1 孢子分离法

孢子分离法是在无菌条件下，使孢子在适宜的培养基上萌发、生长成菌丝体而获得纯培养物的方法。孢子数量大，筛选出优良菌株的机会较多，而且孢子的生命力强，所得菌种的菌龄短、生活力旺盛。但孢子是食用菌有性生殖的产物，可能存在变异，孢子分离法获得的菌株必须经过测试，选择生产性状优良、稳定的菌株用于菌种生产。

孢子分离又可分为单孢分离和多孢分离。香菇、平菇等异宗结合的食用菌，为避免产生单孢不孕现象，可采用多孢分离法；双孢菇、草菇等同宗结合的食用菌，可采用单孢分离法获得双核菌株。单孢分离近年来主要用于杂交育种的研究。

1. 种菇（耳）的选择和处理

种菇应从菌丝生长健壮、无病虫害、出菇均匀及丰产的菌袋或菇床上挑选具有典型性状的子实体。双孢菇、草菇等应采摘菌膜（内菌幕）即将开裂的子实体；香菇、平菇等则应采摘八分成熟、即将释放孢子的子实体；黑木耳应选择朵大、肉厚、皱褶多、色泽纯正和健壮成熟的鲜耳（或者采用当年采收晒干的黑木耳），春耳最好，秋耳次之，不能选用伏耳；银耳应选择出耳早、生长快、朵大、肉厚、颜色白和无病虫害的栽培袋（或菇木）上的种耳作为分离材料，种耳太嫩或过分老熟均不易弹射孢子。

种菇选定后，首先除去附着在菇体表面的杂物，然后切去种菇菌柄。双孢菇、草菇可用无菌水冲洗菇体表面，再用无菌滤纸吸干表面的水（刘景圣等，2005）。香菇、平菇可用75%酒精进行表面消毒。新鲜种耳要用无菌水冲洗数次，然后用无菌滤纸吸干种耳上的水。

2. 孢子收集

1）孢子采集器收集

首先安装灭菌后的孢子采集器，然后将已消毒处理的种菇菌盖插在孢子采集器的支架上，盖上钟罩，将1ml汞溶液倒在瓷盘的纱布上（既能增加罩内湿度，又能防止杂菌污染）。最后用无菌纱布包好整个孢子采集器，放入20～25℃恒温箱中（图3-1）。数小时至1天后，孢子就会从菌盖上弹射到培养皿内。将整个孢子采集器移入接种箱或超净工作台内，去掉采集器的其他部分，只留下盛有孢子的培养皿。如需保存孢子，可将灭菌、干燥的滤纸条放入培养皿内，当大量孢子弹射后，将带孢子的滤纸条转入无菌的小试管，保存备用。

图3-1　孢子采集器

1、7. 纱布；2. 玻璃钟罩；3. 种菇；4. 支架；5. 培养皿；6. 搪瓷盘

2）钩悬法收集

钩悬法多用于收集银耳、绣球菌、黑木耳及毛木耳等的孢子。在无菌条件下，取一小块经处理的种耳挂在钩上（如果收集黑木耳和毛木耳的孢子，种耳挂钩时应腹面朝下），钩的另一端挂在三角瓶口上。种耳距三角瓶底部2～3cm（图3-2）。在25℃条件下培养24h后，即可在三角瓶底部见到孢子。此时取出种耳，塞好棉塞。

图3-2　钩悬法收集器

1. 棉花塞；2. 铁丝钩；3. 小块种耳；4. 孢子；5. 培养基

3. 孢子培养

1）多孢培养

用接种针刮取少许孢子接入斜面培养基试管内，也可将培养皿中的孢子稀释成孢子悬液，用灭菌的移液器吸入孢子悬液，滴 1～2 滴于斜面培养基试管内，置于 25℃恒温培养箱中培养数日，孢子萌发，长出菌丝。数日后，挑取合格的菌丝体移植纯化，获得纯培养物。用多孢分离法分离食用菌，尤其是异宗结合食用菌菌种，如果纯化、筛选工作不到位，可能会造成混杂状态的菌种继续发生性状分离，引起不良后果。因此，必须高度重视纯化、筛选工作的质量。在无足够经验和把握时，以采用组织分离法为宜。

2）单孢培养

用接种环或接种针轻轻地刮取收集的孢子，放入 10ml 无菌水中，加入玻璃珠振荡使之充分混匀，制成孢子悬液，再从中取出 1ml，加入 9ml 无菌水中，如此反复稀释（陈珣等，2017），获得 10^{-1}/ml、10^{-2}/ml、10^{-3}/ml、10^{-4}/ml、10^{-5}/ml、10^{-6}/ml 浓度梯度的孢子悬液，然后分别取 50～100μl 孢子悬液均匀涂布于盛有 PDA 固体培养基的培养皿上。在 25℃条件下，培养 4～5 天后，选择有绒状单菌落的培养皿，用显微镜直接观察孢子萌发及菌丝生长情况，并根据锁状联合的有无初步确定是否为单核菌丝。如需准确鉴定是否为单核菌丝，则应做配对杂交试验。

对于异宗结合的菌种，获得的单核菌丝必须与另一可亲和的单核菌丝杂交后形成双核菌丝，才可能产生可结实的纯培养物，从而筛选出新的优良菌株（马元伟等，2017）。亦可用单孢分离器分离单孢子，再培养成单菌落。

3.1.2　组织分离法

切取子实体、菌核、菌索内部组织获得纯培养物的方法都属于组织分离法。组织分离法获得的纯培养物遗传性状稳定，变异小；但分化的组织细胞可能缺乏全能性，虽能萌发出菌丝，但可能无法形成子实体。因此，由组织分离法得到的纯培养物需要进行试验验证生产性能后，才能作为菌种使用。

1. 子实体分离法

选取五六分成熟的幼嫩子实体，用 75%的酒精棉球进行表面消毒后，再用无菌解剖刀在菌盖或菌柄中部纵切，随即撕开菌盖，在菌盖与菌柄交界处用解剖刀浅切几个小方块（不要划穿菌肉，更不能接触菌褶），用接种针将菌肉小方块接入 PDA 培养基试管中，塞上棉塞，置于 23～25℃恒温箱中培养，3～5 天后组织块的周围会长出白色菌丝。白色菌丝经过转管纯化，即为纯培养物（罗卿权等，2012）。菌盖较小或木质化的子实体，如金针菇、灵芝等，可用镊子挑取菌柄中间组织获得纯培养物。

2. 菌核分离法

菌核是某些食用菌在不良环境条件下，菌丝体形成的块状或粒状的休眠体，如猪苓、茯苓、雷丸等生成菌核。分离时，先将菌核表面洗净，再用75%的酒精表面消毒，接着用无菌刀将菌核切开，挖取中间组织块，接种在试管斜面培养基上，于23~25℃恒温下培养，即可得到纯培养物。

3. 菌索分离法

用75%的酒精将菌索表面消毒2~3次，在无菌条件下去掉黑色外皮层（菌鞘），露出白色菌髓部分，用无菌剪刀剪一小段，移植到培养基上，在25℃条件下培养，即可得到新生菌丝。由于菌索比较细小，分离时易污染，可在培养基高压灭菌后加入广谱抗生素（每毫升培养基加链霉素或青霉素50~100U）抑制细菌生长。

3.1.3 基内菌丝分离法

基内菌丝具有完整的遗传信息，分离纯化得到的纯培养物的细胞全能性较高，一般都能稳定遗传原菌株的生产性能。

1. 菇木（或耳木）分离法

菇木（或耳木）的采集必须在食用菌繁殖盛期，在已经长过子实体的菇木（或耳木）上，选择菌丝生长旺盛、周围无杂菌的部分，用锯截取一小段，先把菇木（或耳木）表面的杂物洗净，然后风干或充分晾干，使菇木（耳木）干燥。在分离之前，先把菇木（耳木）通过酒精灯火焰，重复燎过多次，烧去表面的杂菌孢子，再用75%的酒精表面消毒。组织块必须从菌丝蔓延生长的部位选取，用无菌解剖刀挑取一小块菇木（耳木）组织，接入PDA培养基上，挑取的组织块越小越可减少杂菌污染，提高分离成功率。

2. 代料基质分离法

选择子实体发生早、产量高、无病虫害的栽培瓶或栽培袋，待子实体长至八分熟时，从中筛选出最佳的一瓶（或袋），去掉子实体，然后用75%的酒精消毒整个栽培瓶（或袋），放入超净工作台。分离时，去掉料面老菌丝，用接种针挑取小块长有菌丝的培养料，接入试管内，在适宜温度下培养。选取菌丝生长良好的试管进行转管纯化。

3.2　菌种制作与保藏

　　食用菌菌种按使用目的可分为生产用菌种和保藏用菌种；按生产繁殖程序可分为母种（亦称试管种、一级种）、原种（二级种）和栽培种（三级种）3 个级别。

　　母种是指通过孢子分离、组织分离或基质菌丝分离并经纯化培养获得的菌丝体及其基质，标准容器为 180mm×18mm 的试管，故又被称为试管种或一级种。它既适于用试管斜面移植，再次扩大繁殖，供生产使用，又适于纯种保藏。

　　原种也称二级种，是由母种扩大培养而成的菌种，有麦粒种、谷粒种及木屑种，多以木屑种为主，常以透明的玻璃瓶或塑料瓶为容器。

3.2.1　母种的制作

1. 常用的母种培养基配方

　　（1）马铃薯葡萄糖琼脂（PDA）培养基：马铃薯 200g、葡萄糖 20g、琼脂 18～20g，pH 自然。保藏用的培养基中可以用蔗糖取代葡萄糖，即马铃薯蔗糖琼脂（PSA）培养基；还可以添加磷酸二氢钾 3g、硫酸镁 1.5g、维生素 B_1 10mg，即马铃薯综合培养基。PDA 培养基广泛适用于多种食用菌母种的分离、培养和保藏。

　　（2）马铃薯棉籽壳综合培养基：马铃薯 100g、棉籽壳 100g、麸皮 50g、玉米粉 20g、琼脂 20g、葡萄糖 20g、蛋白胨 2～5g、磷酸二氢钾 3g、硫酸镁 1.5g、维生素 B_1 10mg，pH 自然。该培养基广泛适用于培养和保藏多种食用菌母种。

　　（3）玉米粉蔗糖培养基：玉米粉 40g、蔗糖 10g、琼脂 18～20g。该培养基适用于培养多种食用菌菌种，特别适于香菇、金针菇菌丝的生长。

　　（4）稻草浸汁培养基：稻草 200g（切碎煮汁）、蔗糖 20g、硫酸铵 3g、琼脂 20g，pH 7.2～7.4。该培养基适用于草菇菌种的制备。

2. 母种的收集、制作、分离纯化和鉴定

　　收集性状优良的食用菌子实体、基质和孢子，通过组织分离、基内菌丝分离和孢子分离等多种方法获得纯培养物。纯培养物的鉴定方法如下（以红平菇为例）。

　　根据经典的形态学特征和用分子生物学方法鉴定。在 PDA 培养基上于 25℃培养 10 天，此时菌落圆形，平展，初絮状，后粉状，白色至浅黄色，背面浅黄色，直径 5～6cm。在显微镜下观察菌落，其菌丝无色，分枝，具隔膜，宽 1.2～2.5μm（叶振风等，2015）。分生孢子梗多分枝，宽 3.0～5.5μm，由每轮 2～5 个产孢细胞组成轮状分枝，产孢细胞瓶形，基部球状膨大，向上变细窄，大小为（4.5～6.5）μm×（2.5～3.5）μm（王玥等，2019）。分生孢子圆柱形，单细胞，无色，光滑，连生，

直或弯曲，[6.5～（8.8～11.0）] μm×（2.5～3.5）μm。在原培养物上可形成肾形或拟椭圆形的暗色厚垣孢子。

根据核糖体 DNA-ITS 序列测定快速鉴定。将菌种在马铃薯蔗糖培养液中摇瓶培养 3 天（140r/min，24℃），过滤收集菌丝体，加液氮研磨破碎，以改良十六烷基三甲基溴化铵（CTAB）法提取菌种的总 DNA（关国华等，2000）；以总 DNA为模板，扩增红平菇 ITS1-5.8S-ITS2 rDNA 区域；聚合酶链式反应（PCR）结束后，将凝胶电泳产物用凝胶回收试剂盒纯化回收，用测序仪测序，将所得序列与GenBank 数据库中已登陆的红平菇 ITS 序列进行比对。比对结果如同源性达 99%以上，可以确认形态鉴定的结果，即该菌株应鉴定为红平菇。

3.2.2 原种及栽培种的制作

1. 原种培养基的配制及转接

（1）麦粒培养基：小麦（或大麦、燕麦）98%、石膏粉（或碳酸钙）2%，pH 6.5～7.0；或各种谷粒（小麦、大麦、燕麦、高粱粒、玉米粒等）97%、碳酸钙 2%、石膏粉 1%，pH 6.5～7.0。该培养基适用于除银耳外的大多数食用菌原种的生产，尤其适用于双孢菇原种的生产。

（2）麦粒谷壳粪粉培养基：麦粒（干）86%、谷壳 7%、发酵的干粪粉 5%、碳酸钙（或石膏粉）2%。该培养基适用于草菇、双孢菇、侧耳类原种的生产。

（3）稻粒培养基：稻谷粒 50%、棉籽壳 40%、麸皮 8%、石膏粉 2%。该培养基适用于大多数食用菌菌丝的生长。选择无污染的优质母种，将其试管外壁表面消毒后放入接种箱或接种室。点燃酒精灯，用酒精棉球再次对试管外壁表面消毒，特别是管口处，取下棉塞（或瓶盖）后，试管口在火焰上烧一下，然后用经火焰灭菌并冷却的接种钩将母种斜面分成 4～6 份，将其固定在接种架上，注意管口要始终在酒精灯火焰形成的无菌区内（管口离火焰 1～2cm）。然后左手持接种瓶，右手取下菌种瓶的棉塞（或瓶盖）后，瓶口在火焰上烧一下，用经火焰灭菌并已冷却的接种钩取一份母种迅速地放入接种瓶的接种穴处，棉塞（或瓶盖）过火后塞住菌种瓶口，包好报纸。接种时可以两人合作，一人拿菌种瓶，负责开瓶盖或取棉塞，另一人拿试管和接种钩，负责切块和接种。每支试管母种可扩接原种 4～6 瓶，接完种，贴上标签。

2. 栽培料的配制及转接

栽培种是由原种转接、扩大到相同或相似的培养基上培养而成的菌丝体纯培养物，直接应用于生产，常以透明的玻璃瓶、塑料瓶或塑料袋为容器，也称为三级菌种。栽培种的制作过程参照原种制作过程。

原种及栽培种需要在培养室进行培养。培养室要求清洁卫生，通风良好，并配备调温设备（否则只能在适温季节操作）（武金钟和段学义，1984）；室内设置培养基架，以便于检查杂菌和提高空间利用率；培养室的大小和床架数量应根据生产规模来定，培养架的规格一般为：架高 2m 左右，设 5～7 层，层距 30～40cm、架宽 50～70cm，长度视房间而定。

原种瓶和栽培种瓶在培养过程中要合理摆放，培养初期应立放，以利于菌种萌发定植；待菌丝吃料，封住料面，开始向下生长时，就应倒架，改为横卧叠放，这样可减少积尘和污染，并能提高空间利用率。培养期间，要定期转动菌种瓶，以维持瓶内水分上下一致，有利于菌丝均匀生长。

培养期间，适宜的温度最重要，尤其是当原种瓶堆叠时，一定要注意堆内温度。因为在菌丝旺盛生长时，会产生一定的热量，往往使堆内温度比室温高出 2℃左右。当发现堆内温度高时，要进行通风并倒堆散热，同时调整菌种瓶的位置，以利于菌种长势一致。空气相对湿度应保持在 60% 左右，要避光并保持空气新鲜。定期检查杂菌发生情况，从培养 3～5 天开始要每天检查一次，当菌丝封住料面并向下深入 1～2cm 时，可改为每周检查一次。发现有污染的瓶要立即清理，并隔离污染源（黄亮等，2014）。

麦粒菌种长速快，一般在室温下经 15～20 天可发满。同时，麦粒菌种老化也快，一般在菌丝长满后 7～8 天使用较好，以避免其老化和后期污染。发满的原种如果暂时不用或用不完，可置于低温、干燥、清洁、避光的贮藏室短期保存，勿使菌种老化。在 10℃ 以下的环境中，原种保藏时间不超过 3 个月，栽培种不超过 2 个月。

3.2.3　菌种保藏

菌种保藏（spawn preservation）是根据不同菌株的遗传性能和生理、生化特性，人为地创造环境条件，使优良菌株保持原有的特性，使其不死亡、不被污染，能长期地在生产上应用。这就是菌种保藏的主要任务。

食用菌菌种和其他微生物一样，都具有稳定的遗传性和变异性（张娴等，1992）。遗传性，即在无性繁殖过程中能够保持原有的性状，为菌种保藏提供有利保证，保持食用菌本身特征的相对稳定。变异性，即食用菌的性状在繁殖过程中出现某些改变，给菌种保藏带来困难。但由于存在变异，优良性状可能会丧失，从而出现发育缓慢，存活率、产量和质量降低等现象。菌种保藏工作就是使菌种的变异降低至最低水平，使菌种在较长期的保藏之后仍然保持着原有的生命力、优良的生产性能和形态特征，不被杂菌污染，能够长期在生产和研究中应用。

3.2.3.1 菌种的保藏方法

1. 斜面冰箱保藏法

斜面冰箱保藏法就是待菌丝长满斜面培养基后，将其放入 4℃冰箱中保藏。这是食用菌菌种的一种短期保存法，一般 3～6 个月就要转管一次。此法为实验室常用的保藏法，优点是操作简单，使用方便，不需特殊设备，能随时检查保藏的菌株是否死亡、变异或污染杂菌等（吴星杰，2007）。这种方法适用于绝大多数食用菌，但草菇例外，它不耐低温，保藏温度应控制在 10～15℃。

2. 矿物油保藏法

矿物油保藏法就是将矿物油灌入长满菌丝的斜面试管中，液面超出斜面 1cm 左右，使其完全不接触空气，静置至凝固，4～15℃可保藏 2～3 年。矿物油主要选择液体石蜡，故矿物油保藏法又称液体石蜡保藏法。液体石蜡无色、透明、黏稠、性质稳定、不易被微生物分解，用于覆盖在斜面菌种之上，可以防止培养基水分蒸发，并且使斜面菌丝与空气隔绝，抑制菌丝的代谢，可以使其处于休眠状态，推迟细胞衰老，延长菌丝的保藏时间。

3. 自然基质保藏法

自然基质保藏法是以不含毒性、刺激性和抑菌性成分又富含营养的天然物质作培养基来保存菌种的方法。自然基质营养丰富，可延长菌种的存活时间。这里说的天然物质主要指小木块、小枝条、木屑、麸皮、麦粒等，取材方便，可以根据菌种的生物学特性选择。自然基质保藏法具体可分为：麦粒保藏法、麸曲保藏法、木屑保藏法、枝条保藏法、木块保藏法。

4. 菌丝球保藏法

菌丝球保藏法是将菌种液体培养 7 天左右，挑出菌丝，加入含有生理盐水（或蒸馏水、营养液等）的试管中，密封后可在常温下存放 2 年，不影响菌种的活性和子实体的形成。具体方法为：在 250ml 的三角瓶中装入 100ml 培养液（培养液采用马铃薯液体培养基），接入新鲜菌种 1 块，在 28℃、150r/min 的摇床中振荡培养 5～7 天；然后用吸管从三角瓶中取出 5～6 个菌球，置于含有生理盐水（或蒸馏水、营养液等）的试管中，用棉花塞紧管口，以石蜡密封，放在 4℃以下或常温下保藏，可保藏 1～3 年。使用时开启管口，挑出菌丝体，放在斜面培养基上活化培养，即可恢复生长。

5. 沙土管保藏法

沙土管保藏法是载体保存法的一种，是将沙土作为食用菌孢子的载体，然后干燥保存的方法。具体操作如下。取河沙用水浸泡洗涤数次，过 60 目筛除去粗粒，再用 10%的盐酸浸泡 2～4h，加水煮沸 30min，除去其中的有机物质，再用水冲洗至流水的 pH 达到中性，烘干备用。同时取贫瘠土或菜园土用水浸泡，使其呈中性，沉淀后弃去上清液，烘干碾细，过 100 目筛（薛茹君，2008），将处理好的河沙与土以（2∶1）～（4∶1）混匀，用磁铁吸出其中的铁质，然后分装到小试管或安瓿管内，每管装 0.5～2g，塞棉塞，用纸包扎灭菌（0.14MPa，1h），再干热灭菌（160℃，2～3h）1～2 次，进行无菌检验，合格后使用。将已形成孢子的斜面菌种，在无菌条件下注入无菌水 3～5ml，刮菌苔，制成菌悬液，再用无菌吸管吸取菌液滴入沙土管中，以浸透沙土为止。将接种后的沙土管放入盛有干燥剂的真空干燥器内，接上真空泵抽气数小时，至沙土干燥为止。真空干燥操作需在孢子接入后48h 内完成，以免孢子发芽。每 10 支抽查一支，用接种环取出少数沙粒，接种于斜面培养基上，进行培养，观察生长情况和有无杂菌生长，如出现杂菌或菌落数很少或根本不长的情况，则说明制作的沙土管有问题，尚需进一步抽样检查。检查若没有问题，则存放于冰箱中或室内干燥处。每半年检查一次活力和杂菌情况。制备好的沙土管用石蜡封口，在低温下可保藏 5～10 年（冯云利等，2013）。

6. 冷冻干燥保藏法

冷冻干燥保藏法为菌种保藏方法中最有效的方法之一，对一般生命力强的微生物及其孢子和无芽孢菌都适用。具体步骤如下。

1）准备安瓿管

用于冷冻干燥菌种保藏的安瓿管宜采用中性玻璃制造，形状可用长颈球形底的，亦称泪滴形安瓿管，大小为外径 6～7.5mm、长 105mm、球部直径 9～11mm、壁厚 0.6～1.2mm。也可用没有球部的管状安瓿。塞好棉塞，103.4kPa（1.05kg/cm^2）、121.3℃灭菌 30min，备用。

2）准备菌种

用冷冻干燥法保藏的菌种，其保藏期可达数年至十数年。为了在许多年后不出差错，所用菌种要特别注意其纯度，即不能有杂菌污染。然后在最适培养基中用最适温度培养，以便培养出良好的菌丝体。

3）制备菌悬液与分装

用匀浆过滤后，把菌丝体加入含有脱脂牛乳 2ml 左右的试管中，制成浓菌液，每支安瓿管分装 0.2ml。

4）冷冻干燥器

将分装好的安瓿管放入低温冰箱中冷冻，无低温冰箱的话，可用冷冻剂如干冰（固态 CO$_2$）、酒精液或干冰丙酮液。将安瓿管插入冷冻剂中，只需 4～5min，即可使悬液结冰。

5）真空干燥

为了在真空干燥时使样品保持冻结状态，需准备冷冻槽，槽内放混合均匀的碎冰块与食盐（温度可达-15℃）。安瓿管放入冷冻槽中的干燥瓶内。

抽气　一般若在 30min 内能达到 93.3Pa（0.7mmHg）真空度时，则干燥物不致熔化，以后再继续抽气，几小时内，肉眼可观察到被干燥物已趋干燥。一般抽到真空度为 26.7Pa（0.2mmHg）时，保持压力 6～8h 即可。

6）封口

抽真空干燥后，取出安瓿管，接在封口用的玻璃管上，于真空状态下［可用"L"形五通管继续抽真空，约 10min 即可达到 26.7Pa（0.2mmHg）］，以煤气喷灯的细火焰在安瓿管颈中央进行封口。封口以后，保存于冰箱或室温暗处。

7. 液氮超低温保藏法

把菌种装在含有冷冻保护剂的安瓿管内，将该安瓿管放入液氮（-196℃）中保藏。由于菌丝体处于-196℃时，其代谢能够降低到完全停止的状态，因此不需定期移植。液氮超低温保藏法是菌种长期保藏的最有效、最可靠的方法。具体操作如下。

1）菌种制备

菌种在 PDA 培养基平板上于 22～24℃条件下培养 10～15 天，菌丝体充分生长后，用打孔器（直径 2～4mm）切割琼脂块，或用手术刀片把菌丝培养物切成 2mm×4mm 的长方形小块。

2）安瓿管

安瓿管的玻璃要能经受温度突变而不破裂，用火焰容易熔封管口，恢复培养时容易打开。一般采用硼硅玻璃，管的大小根据需要而定，通常是 75mm×10mm 或能容 1.2ml 液体的安瓿管比较合适。

3）保护剂

每管加入 0.8ml 高压灭菌的 10%的甘油水溶液或 10%二甲基亚砜水溶液来作为冷冻保护剂。用无菌镊子将带有菌丝体的琼脂块移入加有保护剂的安瓿管中，用火焰将安瓿管上部熔封，浸在水中检查有无漏气（曹家树和申书兴，2001）。

4）液氮保藏

把已做好的安瓿菌种管放入底部放有铁片（增加塑料瓶重量，使其能够沉入液氮罐中）的带孔洞的小塑料瓶中，盖好瓶盖，在瓶盖上连接一条细绳并做记号（以方便日后提出所需的菌种）。先把装有安瓿管的塑料瓶吊在液氮罐口上，使安瓿管缓慢地降温，大约 30min 后，把安瓿管浸入液氮中进行长期保存。

启用液氮罐中保存的菌种时，应先将安瓿管置于 35～40℃的温水中，使瓶内的冰块迅速融化，然后在无菌条件下开启安瓿管，用接种针将菌块移接于适宜的培养基上，置于 22～24℃活化培养。

3.2.3.2　菌种退化的原因

在菌种繁殖过程中，往往会发现某些原来优良的性状渐渐消失或变劣，出现长势弱、生长慢、出菇迟、产量低、质量差等变化，这些现象人们称为"退化"。具体原因如下。

（1）菌种遗传性状分离或出现不良杂交导致种性退化。

（2）菌种可能感染病毒。

（3）人工培养菌种时，由于培养条件（包括营养、温度、湿度、通气、pH 等）不适合（外因），不能满足它的生活需要，食用菌失去自我调节的能力，以至暂时失去正常的生理功能，不能表现优良种性。

（4）就某一菌株而言，随着培养时间和使用时间的延长，个体的菌龄越来越大，新陈代谢机能逐渐降低，失去抗逆能力，或失去高产性状，直至失去其使用价值。

（5）可能形成无性生殖结构。在真菌的生活史中存在着有性生殖和无性生殖，当无性生殖成为菌丝体生长的一部分时，菌种出现退化。检查无性孢子可以排除这种退化原因。

由此可见，菌种"退化"是在传种继代过程中，从量变到质变的渐变结果，也是一种病态和衰老的综合表现。菌种会衰老和"退化"，因此，我们应该一方面用妥善的保藏方法去延缓或遏制菌种的老化和变异；另一方面应给予适宜的环境条件，使其恢复原来的生活力和优良种性，达到复壮的目的（付超和周雪玲，2007）。

3.2.3.3　菌种复壮的措施

菌种复壮是指恢复食用菌原有的生活力，提高其对生活环境的适应性，使其优良性状进一步发挥。常采用以下措施。

（1）在菌种的培养、继代过程中，配制营养成分丰富的培养基，使其生长健壮，每隔一定时期，调换不同成分的培养基（改变、调整、增加某种碳源、氮源或矿质元素等），或直接转到适生段木上去，并给予适宜的环境条件。此法对因营养基质不适而衰老的菌种有一定的复壮作用（常淑梅等，2010）。

（2）菌种分离，要有计划地把无性繁殖和有性繁殖的方法交替使用。在自然条件下，菌种的复壮只有靠产生新一代才能实现，反复进行无性繁殖只会不断衰老（黄年来，1984）。有性繁殖所产生的孢子是食用菌生活史的起点，具有丰富的遗传特性（刘海英等，2003）。因此用有性繁殖的方法获得菌株，再以无性繁殖的方法保持它的优良性状，可使菌种的变异和遗传朝着对人们有利的方向发展。最好每年进行一次菌种的组织分离，3年进行一次孢子分离（有性繁殖）。

（3）适当多贮存一些经过分离提纯的母种，妥善保藏，分次使用。转管移植次数不要过多，避免带来杂菌或病毒污染，以致削弱菌种的生活力。

（4）加入微生物激活食用菌。例如，银耳菌种出耳率降低，可加入芽孢进行复壮。方法如下：用30～40支银耳斜面芽孢试管，配500体积的营养液（500ml净水+5g葡萄糖+乳酸数滴，pH 5.5左右），经灭菌后，将营养液用无菌长吸管注入芽孢试管，将芽孢菌落全部洗脱，装入无菌小口瓶，即配成孢子液。孢子液要随配随用，每瓶木屑菌种注入孢子液20ml即可，用于段木接种，出耳率明显提高。

（5）加入维生素等物质，延缓细胞衰老。例如，在高温夏季，培育凤尾菇等食用菌母种时，在琼脂培养基中加入适量的维生素E，既能延缓细胞衰老，又有增加产量的趋势。每支试管培养基加1粒维生素E胶丸，灭菌后接种。菌种在28℃条件下，经过20天不出现黄菌丝，无菌丝倒伏和萎缩现象发生。

3.3 食用菌常规栽培技术

食用菌栽培技术有多种，不同的时期，根据实际生产需求，衍生出不同的栽培技术。根据培养基质分为段木栽培和代料栽培，按照栽培模式分为袋（瓶）式栽培和畦式栽培。

3.3.1 段木栽培

段木栽培是早期的食用菌栽培方法，常见于降解木质素能力较强的食用菌的生产。这种栽培方法是以树木枝干作为栽培基质，极其耗费木材。随着人们环保意识的增强，对树木保护措施的加强，这种方法已很少在生产上使用。

段木栽培在20世纪80年代常见于香菇栽培。把适于香菇生长的树木砍伐后，将枝、干截成段，再进行人工接种。然后在适宜香菇生长的场地，集中进行人工科学管理，这种方法就称为香菇的段木栽培。以下以香菇为例。

1. 菇木的准备

1）菇木的选择

适于香菇栽培的树种很多，主要为壳斗科、桦木科和金缕梅科等树种，常见的有桦树、椴树、栗树、柞树、槲树、胡桃楸、千金榆、赤杨等。香菇生产多采用树龄15～30年的树木。因树龄小于10年的树树皮薄、材质松软，虽出菇早，但菇木容易腐朽，生产潮次少，并且子实体又小又薄。老龄树则不同，虽然出菇较晚，但菇木耐久力强，可生产出大量优质香菇。由于老龄树的树干直径较大，管理不便，因此，段木栽培常采用直径为5～20cm的树干或树枝。

2）伐木

伐树期应选在深秋和冬季，这时树内营养物质丰富，树皮不易剥落。砍伐后的树木要放在原地数日，待树木丧失部分水分，多数细胞死亡后，方可剃枝，并运至菇场。树皮能够对菌丝起到保护作用，在砍伐、搬运过程中，必须保持树皮完整无损。否则，菌丝很难定植，也很难形成原基和菇蕾。

3）截段

将菇木截成长短一致的木段，以 1m 左右为宜，便于堆放和架立操作。

2. 菇场的选择

菇场选择在树木资源丰富，便于运输管理，通风向阳，排水良好，有水源的场所。菇场最好设在稀疏阔叶林下或人造遮阳棚下，折射阳光能透进的地方。日照过多，菇木易干燥脱皮；黑暗少光不利于香菇出菇。菇场常年空气相对湿度应维持在 70% 左右。菇场的土质最好为石砾多的沙质土，可减少灰尘及虫卵和杂菌孢子的累积，使菇木不易染病、生虫。

3. 接种

1）接种时间

温度保持在 5～20℃时，结合菌种生物学特性，在备好的菇木上接种。最佳接种温度为 15℃，虽然温度偏低时发菌慢，但杂菌生长得也慢，可降低污染率。

2）接种方法

栽培用的香菇栽培种有木屑菌种和木塞菌种。两种菌种的接种方法如下。

（1）木屑菌种接种方法：先在菇木上打孔，孔深 1.5～2cm，孔径 1.5cm，接种孔的行距 6～7cm，穴距 10cm，"品"字形排列。挖取木屑种，填入接种孔内，用树皮盖在接种孔上，用锤子轻轻敲平。玉米芯也可以作封盖，先将玉米芯用锤子敲成四瓣，手拿其中一瓣用锤子逐个敲入接种孔即可。

（2）木塞菌种接种方法：此方法使用的一般是圆台形木塞菌种，也有圆柱形木塞菌种，种木应根据接种孔的大小选择。接种前先在菇木上打孔，然后将一块培养好的木塞菌种塞入孔内，并用锤子敲平。

4. 上堆发菌

发菌也称养菌，即将接种后的菇木按一定的方法堆放在一起，使菌丝迅速定植，并在适宜的温度、湿度条件下向菇木内蔓延生长的过程。菇木的堆放方法要因地制宜，一般有以下几种方法（贾身茂和王瑞霞，2018）。

1）"井"字形

适于地势平坦、湿度高的场地，菇木应保持充足的含水量。首先在地面垫上枕木，将接种好的菇木以"井"字形堆成约 1m 高的小堆，在上面和四周盖上树枝或茅草，用来防晒、保温、保湿。

2）横堆式

菇场湿度、通风等条件中等，可采用横堆式。堆放菇木时先横放枕木，再在枕木上按同一方向堆放菇木，堆高 1m 左右，上面或阳面覆盖茅草。

3）覆瓦式

适于较干燥的菇场。先在地面上横放一根较粗的枕木，在枕木上斜向纵放 4～6 根菇木，再在菇木上横放一根枕木，再斜向纵放 4～6 根菇木，以此类推，阶梯形依次摆放。

除上述 3 种摆放方法外，还有牌坊式、立木式和三角形摆放方法，各菇场可根据实际情况灵活选用。

5. 发菌管理

菇木堆垛后，即进入发菌管理阶段。

1）遮阳控温

堆垛初期，垛顶和四周要盖有枝叶或茅草。气温低时垛上可覆盖一层塑料薄膜保温，堆内温度超过 20℃时，应将薄膜去掉。天气进入高温时期，最好将堆面遮阳改为搭凉棚遮阳，这样有利于通风散热。

2）喷水调湿

在高温季节，菇木的含水量会蒸发减少，当菇木含水量低至 35%，切面出现相连的裂缝时，一定要补水。高温季节在早晚天气凉爽时进行补水。补水后要及时加强通风，切忌湿闷，否则易导致菇木发黑腐烂。

3）翻堆

菇木所处的位置不同，温、湿条件不同，发菌效果也会不同。为使菇木发菌一致，必须定期翻堆。翻堆就是将菇木上下左右内外调换位置，一般每隔 20 天进行 1 次。勤翻堆可加强通风换气，抑制杂菌污染。翻堆时切忌损伤菇木树皮。

6. 立木出菇

经过两个月左右的养菌，较细的菇木菌丝成熟（较粗的菇木往往要经过两个夏季才能大量出菇），已具备出菇条件。成熟的菇木常发出浓厚的香菇气味或出现瘤状突起（菇蕾）时，必须及时立木，以便进行出菇管理。

立木方式采用"人"字形，用 4 根 1.5m 高的木段分为两两一组先交叉绑成两个"X"形，在"X"形木架上放一根长横木，横木距地面 60～70cm。最后将菇木呈"人"字形交错排放在横木上。"人"字形菇木应南北向排放，以使其受光均匀。

在立木前，菇木要浸水，直到菇木在浸水池中不再放气泡为止（一般为 10～20h）。菇木在浸水过程中要轻拿轻放，千万不能损伤树皮；浸水时要用清洁的冷水；为防止菇木漂浮，可在菇木上面铺上木排，压上重物，使菇木全部沉没在水中。

对没有浸水池等设备的菇场，亦可将菇木放倒在地面上，吸收地面水分。干旱无雨时，应连续几天大量喷水，直至菇木上长出原基并开始分化时再立木出菇。

7. 出菇管理

出菇管理期间的技术措施应围绕着温、湿、浸三个方面着手。

1）温度

菌丝发育健壮、达到生理成熟的菇木，经浸淋水催菇后，遇到适宜的温度后即可大量出菇。适宜出菇的温度范围为 10～25℃。在这一范围内，其温差在 10℃左右时有利于子实体的形成。较大的温差变化，可使菇木营养暂聚，扭结成子实体，继而在较高的适温条件下膨大成小菇蕾，再在较恒定的适于子实体生长的温度内，使小菇蕾正常地发育成香菇。

2）湿度

香菇段木栽培出菇阶段的湿度包括两部分，一是菇木的含水量，二是空气湿度。如果菇木中含水量在出菇阶段低于 35%，不管其菌丝发育多么理想，也无法出菇。第一年菇木含水量以 40%～50% 为宜，第二年菇木含水量以 45%～55% 为宜，第三年菇木质量近于或略重于新伐时的段木质量。在原基分化和发育成菇蕾时，菇场的空间相对湿度应保持在 85% 左右。随着子实体的长大，空间湿度应随之下降至 75% 左右。当子实体发育至七八分成熟时，空间湿度可下降至偏干状态。

3）惊木

惊木方法主要有两种。第一种为浸水打木。菇木浸水后立架时，用铁锤等敲击菇木的两端切面。菇木浸水后，其氧气相对减少，惊木后菇木缝隙中多余水分可溢出，增加新鲜氧气，使断裂的菌丝苗壮成长，促使原基大量爆出。第二种为淋水惊木。在无浸水设备的菇场，可利用淋水惊木方法催菇。淋一次大水，在菇木两端敲打一次，或借天然下雨时敲打菇木，也能获得同样的效果。北方冬季下大雪时，可将菇木埋在雪里，待雪融化渗湿菇木后，进行惊木，效果也很理想。

3.3.2   代料栽培

由于段木栽培过于耗费木材，且树木的生长周期较长，再生困难，人们即采取用木屑、秸秆、棉籽壳、玉米芯等材料替代段木，其中添加麸皮、豆粕等物质补充氮源，既能消耗农业废弃物，又能满足食用菌生产的营养需求。这种用其他可再生材料替代段木的栽培方式，称为代料栽培。

代料栽培技术与段木栽培差别较大，配制培养基时，需要综合考虑各原料的营养成分，设计添加比例。而且代料栽培需要将培养料装入袋子或瓶子等容器中，灭菌后才能接种，之后的发菌、出菇等工作与段木栽培相似，应根据品种调整温度、湿度等。

3.3.3 袋（瓶）式栽培

袋（瓶）式栽培是我国目前最普遍的栽培方式，是将不同规格的栽培袋（或瓶）作为容器，装入培养基质，进行发菌和出菇的栽培方式。下面以金针菇袋式栽培为例进行说明。

袋式栽培包括拌料、装料、灭菌、接种、发菌和出菇。

1. 拌料、装料

金针菇栽培配方如下。

（1）棉籽壳 89%、麸皮 10%、石膏粉或碳酸钙 1%，料与水的比例是（1∶1.4）～（1∶1.5），搅拌后达到手握成团，手松散开。

（2）玉米芯 73%、麸皮 25%、石膏粉 1%、蔗糖 1%，料与水的比例为（1∶1.4）～（1∶1.5）。

根据灭菌方法不同，选用不同材质的栽培袋，规格为 170mm×350mm。高压蒸汽灭菌，选用耐高温高压的聚丙烯栽培袋；常压蒸汽灭菌，可用低压聚乙烯栽培袋。装入袋内的培养料（干料）一般为 300～500g，两端扎口。

2. 灭菌

常压灭菌需 100℃灭菌 8～10h，高压灭菌需 121℃灭菌 90min，冷却至室温后接种。

3. 接种

接种时点燃酒精灯，用灭过菌的镊子将原种或栽培种弄碎，在点燃酒精灯的无菌区内，打开料袋两头的扎口，分别接入原种或栽培种，接种完毕，用绳把袋口扎住。全部过程要在无菌条件下操作。

4. 发菌

传统栽培方式中，发菌过程是在地沟菇房或半地下房式菇房进行。在农村，利用房前屋后空地，选择地势高、向阳、地下水位较低的地方挖沟建菇房。沟宽 4m、深 2m，顶棚覆盖塑料膜和作物秸秆，中间设人行道，四周设通风口，以便调节通风、透光和温度。地沟内放三排床架，床架宽 40cm、高 2m。床架用竹竿铺设 5 层，层间距离 40cm，每层可横向堆放 4 层料袋。使用前，床架要进行消毒处理。地沟菇房以土作墙壁，土是热的不良导体，有利于保持菇房恒温，土还是水的良好载体，有利于菇房保持湿度。地沟菇房较暗，有利于菌丝生长。菇房使用前要消毒，常用的消毒剂有石炭酸、来苏尔和漂白粉等（陈艳琦等，2020）。

菌丝生长的适宜温度是 23～25℃。通常基质温度比室温高 2℃左右，培养室的温度不能低于 20℃。空气相对湿度保持在 60%左右，湿度太大易滋生杂菌。每天定时通风，有利于菌丝生长。接种初期，菌丝生长量少，呼吸量也少，菌袋内氧气可满足需要。当料袋菌丝增多，长到 5cm 左右时，代谢活动随之加强，需氧量增加，需松开菌袋两头的扎口，增加通气，促进菌丝生长。为了促使发菌均匀，每隔 10 天将床架上下层和里外的菌袋调换一次位置，菌丝长满料袋时，要敞开袋口，以利出菇。培养 30 天左右，菌丝长满料袋就开始出菇了。

5. 出菇

进入出菇管理，温度要降到 10～12℃，相对湿度保持在 90%左右。出菇阶段要控制好通风、光照、温度、湿度和二氧化碳浓度。若管理不善，会出现畸形菇。例如，有的菌盖很小，人们叫它针头菇，这是由二氧化碳浓度过高造成的。如果通风太强，菌盖长得太大，也不符合商品菇的要求。从接种到菇体长成大约需要两个月。菇体颜色好，菌柄长到 10cm 以上，菌盖直径达到 1cm 就可以采收了。采收时，一手按住袋口，一手轻轻抓住菇丛拔下，平整地放入筐内。刚采下的菇要剪去菌柄基部，放在光线暗、温度低的地方，以便储运销售。

3.3.4 畦式栽培

畦式栽培是食用菌覆土栽培的一种方式，常见于羊肚菌、大球盖菇、天麻、草菇、灵芝等的栽培。畦式栽培的一般流程为：先整地做畦，留出人行道和水渠，然后铺撒培养料和菌种，或者直接埋入菌棒，最后覆土。能够生料培养的菌种，其培养基质不需灭菌，直接将发酵、预湿好的培养基质拌匀后铺撒在田地里，即可播种覆土；熟料栽培的菌种，需等菌丝发满成熟后，脱去菌袋，才能埋入土中，等待出菇。以灵芝畦式栽培为例。

1. 准备段木

可以栽培灵芝的树木，称为芝树或者芝木。通常，将砍伐后的芝树称为原木，原木剔枝截段以后称为段木。

根据当地资源情况选择芝树，主要选择硬质阔叶树。用槠类材质较硬树种的段木栽培灵芝，菌丝生长较慢、出芝较迟，但菌盖厚，品质好；用栎类、栲类、桦类段木栽培灵芝，菌丝生长速度快，子实体及其孢子粉产量高、色泽好、菌盖较厚；

用枫树、杜樱类材质段木栽培灵芝，菌丝生长较快，菌盖较轻薄，易出芝，当年产量高。芝木可以在灵芝栽培前 15 天左右或"三九"时采伐，接种前一周左右截段。

熟料栽培灵芝的段木长度一般为 12～15cm。1m³ 大约可摆放直径 10cm 的短段木 450 段，直径 12cm 的短段木 300 段，直径 14cm 的短段木 220 段，直径 16cm 的短段木 170 段。

2. 制备菌棒

1）扎捆、装袋

将砍伐的原木树干、枝丫材等截成 12～15cm 长的小段。削平段木周围棱角。用塑料绳将长短一致的小段木捆成稍小于塑料袋的段木捆，扎紧。捆的两端要保持平整，并剔除捆四周枝权，以免刺破塑料袋。然后装袋，选用 22cm×65cm×0.008cm（8 丝）、30cm×70cm×0.008cm（8 丝）或者 35cm×85cm×0.008cm（8 丝）的低压聚乙烯塑料袋，两头用活结扎紧或用套环套口。

2）灭菌

袋装短段木可以采用常压灭菌，100℃灭菌 48h。灭菌过程中，要注意灭菌锅炉的实际温度，防死角，防断水。如果采用高温灭菌方式，在 103.4kPa（1.05kg/cm²）、121℃条件下灭菌 2h 即可。灭菌结束后，将菌袋小心运至无菌室或接菌种帐中，等温度降至 30℃以下时，便可接菌。

3）接种

选择密封性好、干燥、清洁、墙壁与地面光洁的房间作为冷却室或者接种室，每立方米空间用烟雾消毒剂（二氯异氰尿酸钠）4g，消毒过夜；第二次消毒在各项接种工作准备完成后，接种前 4h，每立方米空间用烟雾消毒剂 4g，消毒过夜。

选择灵芝菌丝洁白、健壮浓密、无杂菌污染、无褐色菌膜、生长旺盛的菌种，菌龄最好不要超过 40 天。每袋栽培种（2kg）接 5 袋（1∶5），在两端袋口的段木表面均匀地撒满菌种，中间可不接。接种动作要迅速，一人解袋，一人接种，一人系袋，一人运袋，多人密切配合，形成流水线。菌种尽量铺平布满段木切面。

4）培养

接种后，将菌棒放在通风干燥的室内避光培养。养菌期间，菌棒可以采用墙式堆放培养，两菌墙之间留 70cm 通道，以便于检查。接种后一周内将培养室温度控制在 22～25℃，以利于菌丝恢复生长。菌丝生长中后期若发现袋内有大量水珠产生，则要适当加强通风。每天通风 1～2 次，每次 1～2h。接种后两周内结合翻堆检查一次，如发现菌棒感染杂菌，应及时处理。感染杂菌的菌棒，可脱袋后重新装袋灭菌，冷却后接种培养，且应适当增加菌种用量（胡繁荣等，2013）。

地面堆垛时，应先用砖垒 12cm 高的底座，将菌袋卧放于底座上，袋口向外，每垛 3 层菌袋，然后垫一层表面光洁的木板或竹条，依次将菌袋在木板上垛高，直至 9～12 层为止。无论是采用层架式堆放培养还是墙式堆放培养，菌种架间或菌墙的垛间都应有 70cm 宽的过道，过道两端应有通风窗，以利于空气流通及操作人员通行。

5）菌棒质量鉴定指标与方法

温度适宜的情况下，一般培养 25 天左右菌丝便可长满整个段木表面。菌袋外表全部长满灵芝菌丝体后，还需继续培养，使灵芝菌丝体达到生理成熟。在此期间，可在弱光环境中培养 20 天以上。当菌袋内菌棒之间菌丝连接紧密难以分开，出现部分红褐色菌被，轻压菌棒微软有弹性，劈开菌棒其木质部呈浅黄色或米黄色，或者部分芝木有芝芽形成，表示菌棒发菌充分，已经达到生理成熟，可以进行脱袋覆土的栽培出芝管理（胡繁荣等，2013）。

3. 搭棚做畦

1）芝场选择

灵芝栽培场地简称芝场。段木栽培灵芝，最好在海拔 300～700m 构建芝场。这样的地方，夏天最高气温常在 36℃以下，6～9 月平均气温在 24℃左右。同时芝场最好构建在朝东南的林地或者田地，且排水良好、水源方便、土质疏松的地方。

2）做畦开沟

芝场应在晴天深翻 20cm，畦高 10～15cm，畦宽 1.5m，畦长按地形决定，但一般不超过 40m，以免影响通风。畦面四周开好排水沟，沟宽 50cm（兼作操作通道），沟深 30cm。清除芝场内外的杂草、碎石，在畦面和沟底撒上石灰。可能出现山洪的芝场，应事先排好洪沟，防患于未然。

3）搭架建棚

芝棚分为遮阳棚、大棚和小拱棚。不同的地理位置及品种按照需求选择棚的类型。

4. 排场覆土

1）菌棒进场

每年 3～4 月，选择气温在 15～20℃的晴天或阴天排场，场地应事先清理干净，注意防治白蚁（宋春艳等，2010）。脱袋排场之前，可将菌棒摆放在芝场内"假植"5～7 天，促使菌棒在运输过程中造成的菌丝体或者菌皮的损伤重新愈合，减少杂菌感染。排场时，将不同菌株的菌棒分开排场，以免因为拮抗反应造成不出灵芝。同时，按照发菌程度，将菌棒分开排场，有利于出芝管理。

2）割袋排场

割袋后，去掉菌棒两头的菌种，按序排列，把菌棒横置在已做好的栽培畦内。菌棒间距 5cm，行距 10cm。排场后，畦内菌棒的表面应该在同一平面，有利于均匀覆土。

3）覆土

覆土深浅厚薄应视栽培场湿度大小酌情处理。覆土最好用火烧土，既可提高土壤热性又可增加含钾量，有利于出芝。覆土时，将菌棒之间的空隙填满潮湿的细土，表面覆 3cm 左右的松土。

5. 出芝管理

1）温度

灵芝菌棒脱袋覆土后，芝棚气温 20～23℃，经 8～12 天便可现蕾。此时应加强管理，否则易产生畸形、病虫害或者减产（胡繁荣等，2013）。

2）湿度

在湿度的管理上，应按照前湿后干的原则，土壤湿度前期应保持在 16%～18%，后期应小于 15%，空气相对湿度为 80%～95%，以促进菌蕾表面细胞分化。在芝芽发生及其菌盖分化期间，既要保持空气相对湿度为 85%～95%，又要保持土壤呈湿润状态（土壤水分含量为 16%～18%），以免因空气干燥而影响菌蕾分化。

覆土后第 4 天开始喷水，每 5～7 天喷一次。遵循晴天多喷，阴天少喷，下雨天不喷的原则，以促进芝芽分化发育。

3）光照

在光照管理上应前阴后阳。"前阴"有利于菌丝生长、原基分化，"后阳"有利于提高棚内温度，促进菌盖加厚生长（赵德钦等，2015）。

4）通风

灵芝属于好气型真菌。在良好的通气条件下，灵芝可形成正常的"如意形"菌盖（陈文杰等，2005）。如果空气中二氧化碳浓度增至 0.3%以上则只长菌柄，不分化菌盖，形成"鹿角芝"。

另外，为减少杂菌危害，在高温高湿时要加强通气管理。每天揭膜通风一次，保证空气新鲜，防止二氧化碳浓度积累过高（孟庆国等，2002）。通风时，一般只需揭开畦四周塑料薄膜，揭膜位置略高于子实体，这样有利于菌盖生长发育。当芝场太潮湿时，可揭开整个塑料薄膜通风排湿，阴雨天要注意防止子实体淋雨。

5）注意事项

排场覆土时，菌棒之间要有一定间隔，防止连体子实体的发生。当发现子实体有相连可能性时，应及时旋转段木方向，不让子实体相互连接。并且要控制短段木上灵芝的朵数。一般直径在 15cm 以上的菌棒留 3 个灵芝为宜，15cm 以下的菌棒留 1～2 个灵芝为宜，灵芝过多过密将使一级品数量减少。另外，出芝期间，尽量防止雨水或喷水时泥沙溅到灵芝菌盖上，造成灵芝盖出现斑痕，影响灵芝子实体品质。

6. 采收与干制加工

1）采收

（1）成熟的标志：菌盖不再增大，菌盖边缘黄边消失，菌盖表面色泽一致，且菌盖和菌柄表面有漆样光泽，子实体周围可见灵芝孢子粉。

（2）采收方法：采收时，可用果树剪（整枝剪）从柄基部剪下，留柄蒂 0.5～1cm，待剪口愈合后再收灵芝。当年收两潮灵芝之后，应将灵芝蒂全部剪下，以便于覆土保湿，有利于菌棒安全越冬（徐雪玲，2011）。

2）干制加工

先将子实体表面清理干净，剪去柄蒂，至菌柄长度≤3cm。然后，在烤筛上单个排列，先晒后烘，或直接烘干，至灵芝水分含量≤13%。

3.3.5　常规栽培的优缺点

1. 常规栽培的优点

（1）前期投资少：常规栽培技术不需要大型设备，熟料栽培仅需要常压或高压灭菌锅，生料栽培甚至不需要灭菌设备。

（2）耗能少：常规栽培多是采取与当地自然条件相适应的栽培方式，能够合理利用树林、山坡等建造生产场所，不需要控温、控湿设施长期运行，对电能的损耗少。

（3）成本低：常规栽培不需要运行大型设备，材料多是廉价的秸秆等废弃物，有些家庭作坊式的生产模式甚至不需要人工费用。

2. 常规栽培的缺点

（1）对自然天气的依赖性较强：常规栽培多数是根据当地气候及环境条件进行栽培生产，为节约成本，生产设施通常很简陋，没有专业的控温、控湿设备，通常若天气反常，容易绝产；而且不能常年生产，一年之中最多能栽培两潮。

（2）浪费人力：常规栽培的机械化程度不高，装袋、接种、灭菌等过程需要耗费大量的人力。然而，随着雇佣价格的上涨，生产成本也在随之增加。

（3）污染率高：常规栽培中接种、发菌、采收等多项操作都是通过人工完成的，员工操作不当及人员进出都会增加污染的概率。

（4）产量及品质不稳定：自然环境的温度、湿度等直接影响食用菌的生长发育过程，对自然天气的依赖性又决定了食用菌生产的产量及品质的不稳定性。

（5）生产效率低：依靠人工生产直接决定了较低的生产效率。

【思考题】

1. 名词解释：复壮、液氮超低温保藏法。

2. 优质的一级种、二级种和三级种应符合哪些要求？

3. 食用菌菌种的质量鉴定有哪些内容？

4. 为什么菌种会发生退化？菌种复壮的措施有哪些？

5. 菌种保藏常用的设备有哪些？

6. 试述菌种保藏的原理和常用方法。

7. 代料栽培与段木栽培相比，有何优点？

8. 常规栽培的优缺点分别是什么？

第4章 食用菌工厂化生产

食用菌工厂化生产是通过提供适宜的生长环境，分阶段处理工艺流程，定时定量生产食用菌的过程，是一种集智能化、自动化、机械化、规模化于一体的食用菌栽培方式（李长田等，2019a）。简单来讲，食用菌工厂化生产是利用现代工程技术和先进设施、设备，人工控制食用菌生长发育所需要的温度、湿度、光照、空气等环境条件，使生产流程化、技术规范化、产品均衡化、供应周年化，是采用工业化生产和经营管理方式组织食用菌生产的过程。

根据食用菌生产和生育所需条件，对先进科学技术进行整合，实现由手工操作向机械化作业的转变，由自然生长向可控性生长的转变。食用菌工厂化的基本点是：设施利用、技术嫁接、智能管控，从而达到最大限度地节约成本、节省耕地、提高品质、增加效益。

4.1 食用菌工厂的设计

工厂化生产要用标准化厂房和标准化生产线。常见的有砖木或钢结构聚氨酯保温板建成的保温、保湿的生产厂房。厂区应严格划分生产区和生活区，生产区要包括原料库、搅拌室、装瓶操作室、灭菌冷却室、接种室、菌种培养室、搔菌室、养菌室（生育室）、出菇室、产品包装室、贮藏和冷藏室、废弃物处理区及办公室等；生活区包括休息室和餐厅，必须与生产区隔离开。接种室与培养室、养菌室与出菇室相互衔接，相互配套，并避免与原料库及装袋车间靠在一起。每个功能室需严格按照工艺流程进行布局，布局方式因地制宜。在满足工艺要求的情况下，尽量减少运料距离和方便机械装载。厂区的建设要符合环境保护工程的要求，做好绿化，按标准处理三废（黄毅，2003）。

工厂化生产厂房的布局合理与否，功能区域的面积是否匹配是将来生产能否成功达到目标生产能力的关键。因此，在工厂设计时，首先确定生产规模、食用菌品种、拟定设备方案；其次需严格计算设备的放置空间，菌种生产量及堆放位置、占地面积等；最后根据设计结果反复推理演算，确定设计的合理性。

4.1.1 设计总则

食用菌工厂化生产厂房是必备条件，不同的品种对厂房的要求不同。例如，金针菇和杏鲍菇的生育室需要控制二氧化碳浓度在 3000mg/L 以上，而白灵菇的生育室则需要控制二氧化碳浓度在 1000mg/L 以内。不同食用菌厂房需要的新风量、新风速度与送风距离不一样。设计的设备型号过大会造成不必要的浪费，设计的设备型号过小则达不到工艺要求。不同的品种之间很难实现厂房的共享，同一品种的不同培养阶段也不能共用同一培养室，这一方面与传统栽培模式不一样。厂房设计包括诸多的设计内容，主要包括生产线布局、产能设计、净化设计等。

生产线需要将原料仓储区、搅拌室、灭菌室、冷却室、菌种室、接种室、培养室、搔菌室、生育室、采收包装室等组装成工厂。良好的生产线布局将从根本上为高效率的工作打下良好的基础。因此，设计一个良好的生产线布局至关重要。U 型布局目前被公认为是最高效率的生产线布局方式。使用 U 型布局可以使标准作业顺利进行，使作业管理变得一目了然，使制造现场变得井然有序。U 型生产线有利于作业公平分配、人数最少化、工艺质优化、周期最短化的实现，U 型布局是典型的柔性制造布局，它打破了传统的按照加工种类排布设备的思想，改成了按照生产工艺流程顺序排布生产布局，有效地缩短了物流距离，使设备能够流动，为以后的改善留下伏笔。

在进行食用菌厂房整体布局设计时应遵循以下原则。

1）联合厂房设计

为了加强信息的沟通和缩短物流距离，尽可能打破传统的按功能建设厂房的方法，使用大型联合厂房可以将相关的工程紧密地连接在一起，以达到减少成本的目标。

2）原动力合理排布

原动力不仅指电力，同时也包括诸如水、压缩空气、光照等。厂房建设好后，原动力尽可能在工厂内均匀分布，在合理的距离上留出接口，因为精益化的改造设备布局可能会进行调整，如果存在原动力的问题而不能进行设备移动将造成很大麻烦。

3）满足生产工艺流程的要求

不同食用菌栽培品种对厂房整体布局有不同的要求，即使相同的栽培品种，由于不同的栽培方式，栽培工艺亦有差异。培养需要不同天数的可以共用培养室，不同接种时间的菌垛可以交叉，达到均衡室温的功能。生育室一般不共用，因此设计的时候根据品种的生育天数来设计房间数。

4）厂区布置应做到近期与远期结合，以近期为主，留出今后扩建的空间

企业在进行开工建设前，应进行总体规划，结合市场需求，制定企业中长期发展战略，避免在生产过程中出现由于规模扩张带来的厂房改造成本增加或无法进行扩张的问题（管道平和胡清秀，2010）。厂房的建筑平面和空间布局应具有适当的灵活性，为生产工艺的调整创造条件。

5）实施分区管理

由于培养房及出菇房之间温差较大，在进行食用菌厂房规划时，一般实行分区管理，不能够混合排列设计。各区相对间隔按生产操作顺序近距离连接，便于流水操作。厂房从结构和功能上应满足食用菌工厂化栽培生产的需要，房体的设计应符合《组合冷库》（JB/T 9061—1999）中的相关要求（管道平和胡清秀，2010）。

实行分区管理，能够提高生产效率。此外，在培养区与出菇区分别安装隔热风幕机或设立缓冲区，实现能源智能互补，减少能源浪费，可使食用菌厂房内外环境隔开，杜绝冷暖空气对流形成结雾，保障开门作业不影响菇房内温度回升，避免由于温度梯度引起的能量传递，从而达到节约能源的目的（管道平和胡清秀，2010）。主体结构要具备同建筑处理及其室内装备和装修水平相适应的等级水平。

6）其他注意事项

在进行食用菌厂房整体布局设计时，还应注意：①合理设计人员流动、物流运输及消防疏散线路，保证生产、运输的各个环节畅通无阻；②设计布局要工艺最优化，单位面积产量最大化，能耗最小化，用工人数最少化；③不同地域对厂房结构需求不同，所选用的保温及其他材料的性能也不同；④符合工艺要求的各种设备仪器、衔接部件的尺寸及材质要相互适应。

4.1.2　工厂化功能区设计

厂址的选择应符合《无公害农产品　种植业产地环境条件》（NY/T 5010—2016）的规定，厂房周围无工业三废，远离村庄，交通便利，水源充足，无污水和其他污染源。食用菌工厂主要包括原料仓储区、搅拌室、装瓶（袋）操作室、灭菌室、冷却室、接种室、培养室、搔菌室、生育室、挖瓶室、包装室和冷藏室等区域，不同区域发挥不同的功能，共同协作，才能完成食用菌的工厂化生产。

1）原料仓储区

食用菌生产所用原料主要是木屑、麸皮、玉米芯、棉籽壳、豆粕、玉米粉等物质，需要贮存在阴暗干燥的位置（郭国雄等，2007）。根据生产规模计算原料存储量（一般存储量不超过正常生产 3 个月的量），进而设计贮存室的大小。贮存室应靠近大路，开设较大的门，方便运输车辆进出。贮存室内应放置粉碎机，用以粉碎较大的木屑、秸秆等。

2）搅拌室

搅拌室主要用于放置搅拌机和送料带。由于培养料搅拌会产生大量粉尘，因此需与其他房间隔离并安装除尘装置，避免污染环境。

3）装瓶（袋）操作室

装瓶（袋）操作室一般放置装瓶（袋）机、灭菌釜、手推车、栽培瓶（袋），是装瓶（袋）和灭菌的主要工作场所，要求宽敞，通风良好。装瓶工艺流程为：填料→清扫瓶口→打孔→盖瓶盖→装灭菌小车→高压灭菌。装袋工艺流程为：填料→清扫袋口→套环插棒→装灭菌小车→高压灭菌。

装瓶（袋）工序需要关注瓶（袋）质量、培养料质量、装瓶（袋）物理结构（上紧下松）、打孔是否正常、瓶（袋）口是否正常等。

4）灭菌室

食用菌生产中培养基常用的灭菌方法为湿热灭菌法（moist heat sterilization），即通过蒸汽杀死微生物的方法。在同一温度，湿热灭菌比干热灭菌（dry heat strelization）效果好，因为高温水蒸气遇到较冷的物质会放热，冷凝成水珠，湿热灭菌时，杂菌实际接触的温度高于水蒸气温度，故湿热灭菌的穿透力比干热灭菌大，杀伤力强，且蛋白质、原生质胶体在湿热条件下容易变性凝固，酶系统容易被破坏（陈旭健，2000）。灭菌设备设有两个门，一个门朝向装瓶（袋）操作室，栽培瓶（袋）装入灭菌小车后由此门推入；另一个门连接冷却室，灭菌后的栽培瓶（袋）直接推出，冷却。

5）冷却室

灭菌完毕后培养料在冷却室内冷却。冷却室需要能制冷且空气洁净，所以要求房屋结构密闭性好，除安装制冷设备外，还要配置空气净化系统，室内安装紫外灯等。

6）接种室

接种室是放置接种机、进行接种的场所。接种室要求室内空气洁净，接种时减少空气流动。所以，接种室地面要做防尘处理，进风口安装空气净化系统，室内安装紫外灯、自净器等。

7）培养室

接种完毕，栽培瓶（袋）置于培养室内培养菌丝。菌丝培养期间需要适宜的温度、氧气、湿度，而且菌丝生长过程会产生大量呼吸热及二氧化碳，所以培养室内需安装制冷设备、加湿器及通排风等调温、调湿及控制通排风的设备。为避免污染，提高成品率，进风口需安装空气净化系统。每个培养室内设置 3～4 个培养架，每个培养架 7～8 层，每层宽 1.2m、长 8～9m。培养架间留 0.8m 过道，以便气、热均匀扩散及方便操作。

8）搔菌室

搔菌室是放置搔菌机、进行搔菌作业的场所，要求有一定的宽敞空间，便于操作。搔菌后，需要补水，因此，搔菌室要连接水源。

9）生育室

生育室是食用菌子实体形成、生长发育的场所，置有栽培架 4～5 个，每个栽培架 5～6 层，长 7～8m、高 3m 左右。栽培架间留 1m 的过道，以便冷气扩散、光照均匀及操作方便。生育室内需装备调温、调湿、通排风及光照装置。部分食用菌催蕾和子实体发育所需的培养条件差异较大，需要分别在不同的房间进行，因此可以将生育室分为两个房间。个别产孢子多的食用菌需要单独的采菇房。

10）挖瓶室

挖瓶室是放置挖瓶机、将采收后瓶内的废料挖出的作业场所。挖瓶室需远离堆物及仓库，避免废料中的杂菌污染原材料。

11）包装室

产品采收后在包装室内计量包装。为保证产品洁净，包装室地面需做防尘处理，减少灰尘，同时，需配置降温设备，以保持产品包装时温度的恒定，避免高温影响产品质量。

12）冷藏室

产品包装后置于冷藏室保藏，以延长产品的货架期，冷藏室需配置相应的制冷设备，定时通风换气。

13）菌种培养室

自行生产菌种的工厂还需配备菌种培养室。菌种培养室是培养各级菌种的场所，因此，培养室设计及建造必须满足菌丝生长发育对温度、湿度、气体、光照等条件的需求。培养室内应配有空调设备及安装照明用日光灯及遮光用门帘和窗帘。培养室内还应放置恒温培养箱、培养架等设备，制作母种及少量原种时，在恒温箱内培养；制作栽培种和大量原种时，放在培养架上培养。

4.2　食用菌工厂化生产设备

工厂化生产中各个工艺阶段需要不同的生产设备，而生产设备的配备根据生产规模而定。这些生产设备一般都可以拆运和组装，但需要注意的是，灭菌器和搅拌机一般都比较大，如 60 多立方米的灭菌器要考虑 15m×3m×3m 的转运尺寸，因此在建厂时要设计好场地及提前安放设备，否则需要拆门拆窗。

1）搅拌机及送料带

搅拌机（图 4-1）是将主料和辅料加适量清水搅拌，使之均匀混合的机器，用于拌匀、拌湿培养料。食用菌培养料搅拌常用低速、内置螺旋飞轮的专用搅拌机，因搅拌培养料时需加水，所以，搅拌机上方需排布水管，水管上均匀排布出水孔，出水孔间隔 10cm 左右。将培养料均匀搅拌至适宜含水量后由送料带送至装瓶机料斗。目前用于生产的搅拌机有福建古田农机研究所研制的 WJ-70 型和 WJ-80B 型搅拌机、辽宁省朝阳市食用菌研究所研制的 BLJ-200 型搅拌机、枣庄市第二农业机械厂生产的 JB-100 型和 JB-50 型原料搅拌机（孙佩韦，2007）。

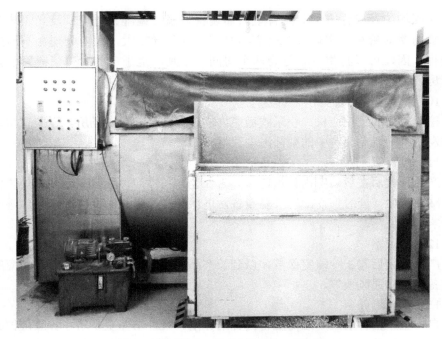

图 4-1　搅拌机（彩图请扫封底二维码）

2）装瓶（袋）机

装瓶机（图 4-2）可将培养料均匀一致地装入塑料瓶内，并压实料面，打上接种孔，盖好瓶盖。装瓶机装料方式有振动式及垂直柱式两种，有每次装 12 瓶及每次装 16 瓶的装瓶机，每小时可装 3500～12 000 瓶。

图 4-2　装瓶机（彩图请扫封底二维码）

小型立式装瓶装袋机，每小时可装 500～600 袋（瓶）；小型卧式多功能装袋机每小时可装 400～600 袋，料筒和搅龙可以根据菌袋规格更换；大型立式冲压式装袋机要与搅拌机、传送装置一起使用，而且连续作业的情况下，每小时可装 1200 袋，多用于菌种生产厂或金针菇、黑木耳及食用菌工厂化生产。

自动装袋机可将培养料均匀一致地装入袋内，并直接窝口或者扎口，能够极大程度地节约人力。自动装袋机可以根据生产需求调整装料的紧实程度和装袋质量，可以满足食用菌袋料生产的需求。装袋机有全自动和半自动之分，全自动装袋机（图 4-3）在装袋过程中能够完全不需要人工参与，可实现机器扎口，出来的菌袋可直接灭菌；半自动装袋机往往需要人工扎口。

图 4-3　装袋窝口插棒一体机（彩图请扫封底二维码）

3）灭菌设备

灭菌设备根据灭菌原理分为干热灭菌箱和湿热灭菌锅两种。干热灭菌箱主要对培养皿、移液管、玻璃棒等工具进行干热灭菌，生产上不常用。湿热灭菌锅主要有高压灭菌锅和常压灭菌锅两种，高压灭菌锅具有灭菌彻底、灭菌时间短的特点，但是造价较高；常压灭菌锅虽造价低廉，但灭菌时间长，部分耐高温的细菌难以彻底杀死。工厂化生产大多选用高压灭菌锅（图 4-4）。灭菌锅的数量与大小是工厂产能实现的重要指标，灭菌锅中的每台灭菌车一般以每框 16 瓶的标准设计，能放 24 筐。

4）自动接种机

自动接种机（图 4-5）能够自动挖出菌种并定量地将菌种接入栽培瓶（袋）内。接种机每次接种 4～16 瓶，每小时可接种 6000～12 000 瓶。液体接种机能够定量、均匀地将菌种喷洒到培养料料面上。

5）搔菌机

菌种生长完毕后，搔菌机自动去除瓶盖，搔去表面 2～5cm 的老菌皮及料面，然后向料面注水。搔菌机的刀刃有平搔菌刀刃和馒头型搔菌刀刃两种类型。现有的各种规格、性能的搔菌机（图 4-6）每小时可搔菌 3500～12 000 瓶。

图 4-4 高压灭菌锅（彩图请扫封底二维码）

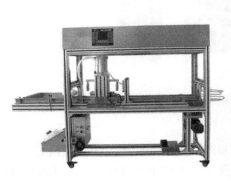

图 4-5 自动接种机（彩图请扫封底二维码）

图 4-6 搔菌机（彩图请扫封底二维码）

6）加湿器

现在食用菌工厂化栽培用的加湿器基本可分为二流体加湿器、高压微雾加湿器、超声波加湿器、喷雾器 4 种类型（表 4-1）。超声波加湿器较为常见，具有喷雾均匀、加湿效率好、移动灵活等特点。超声波加湿器是利用浸没于水中的超声波振子，在电振荡信号激荡下，将电能转换成机械能，产生 1.7MHz 超声波，超声波能由水底向水表面扩散，水表面在空化效应作用下，产生直径为 3～5μm 的水雾粒子，水雾粒子与流通的空气进行湿交换，达到等焓加湿空气的目的。表 4-2 为食用菌主要种类加湿设计参数（参考）。

表 4-1　4 种加湿器类型的参数

加湿器类型	水雾粒子直径/μm	特点
高压微雾加湿器	>5	节能，不易损坏，易调控
二流体加湿器	5	加湿速度快，成本低
超声波加湿器	<5	加湿效果好，体积小，易维护
喷雾器	>10	降温效果好，投资小

表 4-2　食用菌主要种类加湿设计参数（参考）

食用菌主要种类	相对湿度/%		水雾粒子直径/μm	
	培养间	生育间	培养间	生育间
杏鲍菇	65～70	80～90	5～10	<10
金针菇	60～65	85～95	5～10	<10
平菇	60～80	85～90	5～10	5～10
猴头菇	70～80	80～90	<5	<10
双孢菇	60～65	80～90	5～10	<10
香菇	60～70	80～90	5～10	<10
白灵菇	60～70	85～90	5～10	<5
真姬菇	70～75	90～98	<5	<5
草菇	70～80	90～95	<5	<5

7）空气净化设备

空气净化设备可以过滤空气悬浮微粒、细菌、病毒、真菌孢子、花粉、石棉、氡气衰变产物等污染物，过滤器的孔径能达到的效果如图 4-7 所示。空气净化设备可为冷却室、接种间、搔菌室等房间提供无菌空气，降低污染率。

8）制冷机

食用菌生长发育的各个阶段都伴随着散热，故需要通过制冷机降低室内温度，灭菌结束后的散热过程也需要强力制冷。根据生产规模及生产工艺的各个阶段的制冷需求，选取不同型号的制冷设备。有特殊生产需求的可以并联多个制冷机，制冷需求少时，部分制冷机可以关掉（图 4-8）。

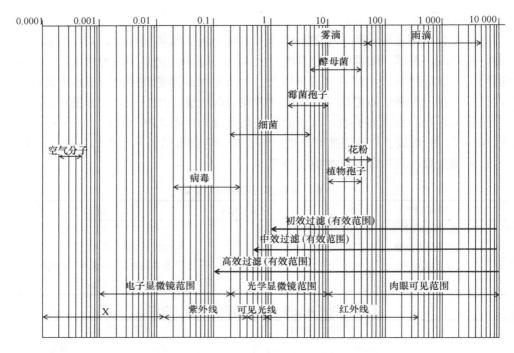

图 4-7 不同孔径可过滤的物质

上方数字为孔径，单位 μm

图 4-8 制冷设备（彩图请扫封底二维码）

9）挖瓶机

采收完毕，挖瓶机自动将培养料挖出。市面上有各种规格和性能的挖瓶机，每小时可挖料 3500～10 000 瓶。

10）包装机

根据产品包装要求，选择不同型号的包装机（图 4-9）。有袋装包装机、盒装包装机、真空包装机及非真空包装机等。

图 4-9　干品包装机（彩图请扫封底二维码）

11）发酵罐

制备液体菌种需要发酵罐，不同的生产规模，需要的发酵罐规格不同。发酵罐（图 4-10）需要承受高温的灭菌蒸汽，内部设有搅拌设施和通气孔，罐体多为圆筒形，无死角，易清理。

图 4-10　发酵罐（彩图请扫封底二维码）

12）风选机

风选机（图 4-11）又称风选粉碎机，由粗碎、细碎、风力输送等装置组成，利用高速撞击的形式达到粉碎的目的，主要用来粉碎栽培原料。机器工作时，物料由进料口投入粉碎室后，经固定在主轴上的刀片和机壳的衬板间的冲击及高气注的剪切进行粉碎，粉碎后的物料经塞档室分级进入风机室，借助风轮的吹送及风机的引力使物料进入分离器，经分离器再次分级处理，粗料由回料咀返回粉碎室进行再次粉碎，成品料由引风机引出进入集粉器装袋包装，余风由除尘散风装置排出。

除风选机外，还有磁选机，可以提前剔除原料中混杂的铁质杂质。

图 4-11　风选机（彩图请扫封底二维码）

4.3　食用菌工厂化生产系统

工厂化生产系统包括新风系统、控温系统、加湿系统、光照系统和智能系统。这 5 个系统贯穿整个工厂化生产流程，具有不可替代的作用。其中，智能系统起到总体调控的作用，根据程序命令调控各区域的通风、温度、湿度和光照。

4.3.1　新风系统

新风系统采用高压头、大流量、小功率、直流高速无刷电机带动离心风机，依靠机械强力，由一侧向室内送室外新风，由另一侧向室外排出室内空气的方式，在室内形成新风流动场。当然引进新风的同时，应该根据食用菌的特点，控制无菌，调节温度、湿度及二氧化碳浓度，进行新风的过滤、灭毒、灭菌、增氧、预热（冬天）。排风经过主机时与新风进行热回收交换，回收的大部分热量通过新风送回室内，进入室内的空气都是经过过滤的无菌空气。该系统可根据不同的室内外温度、湿度及其他环境条件与空调联动，减少空调使用时间，减少或取消备用空调配置，实现节能降耗。

1. 基础设施

新风系统包括新风机组、控制系统及远程监控与管理系统。新风机组结构如图 4-12 所示，主要由柜体、离心风机、滤布、滤布更换系统组成。新风控制系统如图 4-13 所示，包括人机交互模块、智能主控模块、中继集成模块 3 部分。

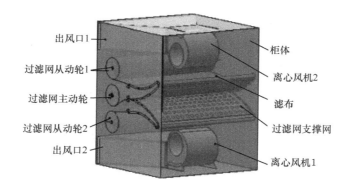

图 4-12　新风机组结构

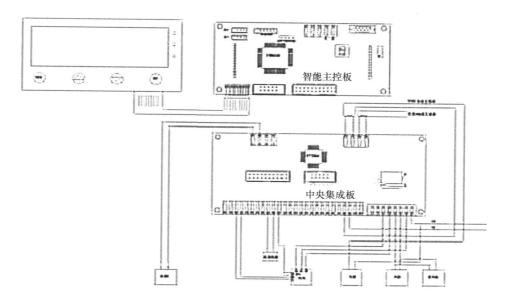

图 4-13　新风控制系统

2. 硬件设施

新风控制系统的硬件由智能主控板、中央集成板、人机交互模块 3 部分组成。智能主控板基于 STM8S208 嵌入式单片机，集成温度、湿度、灰尘传感器检测，RS232/485 通信、各类传感器接口、输入输出控制接口、警告输出、数据存储和实时时钟单元等电路功能，并与人机交互模块和中央集成板连接；中央集成板集成继电器控制输出和开关信号检测功能；人机交互模块包括按键输入、192×64 LCD 显示和 LED 指示 3 部分。

3. 软件设施

新风系统软件包括人机交互显示程序、温湿度调节控制程序、系统设置程序等。其中，温湿度调节控制程序是新风系统的核心程序。设置时应该依据室内外温湿度合理设计场内温湿度区间，避免系统长时间运转造成资源浪费。

4. 设计方案

关于新风的处理，应该明确提出一个标准概念，即新风三级过滤的概念。系统中第一级的新风过滤，应采用对不小于 5μm 的微粒大气尘计数效率不低于 50% 的初效过滤器，对不小于 1μm 的微粒大气尘计数效率不低于 50% 的中效过滤器和对不小于 0.5μm 大气尘计数效率不低于 95% 的亚高效过滤器的三级过滤器的组合。第一级新风过滤就是指新风尘埃的过滤，新风口的过滤器采用三级组合的形式，即新风三级过滤。这种新风三级过滤概念的系统形式（图 4-14），对应于食用菌工厂的控温系统，其第二级空气过滤中高效过滤器设置在循环机组的正压段，第三级空气过滤中高效过滤设置在系统的末端，即接种室。采用新风三级过滤技术带来的效果，主要表现在以下几个方面。

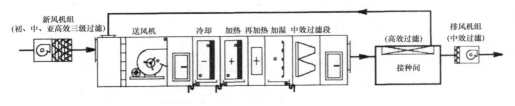

图 4-14　新风三级过滤系统形式

1）对于末级是高效过滤器的场合

在新风采用三级过滤后，其综合效果将使进入新风系统的大气尘浓度降低一个数量级。

2）对于末级是亚高效过滤器的场合

在新风采用三级过滤后，其综合效果将使进入新风系统的大气尘浓度降低一个数量级，同时室内含尘浓度也将降低一个数量级左右。

3）对于末级是中效过滤器的场合

在新风采用三级过滤（图 4-14）后，其综合效果将使进入新风系统的大气尘浓度降低一个数量级，同时室内含尘浓度也将反比例下降一个数量级以上。

值得一提的是，在上述三种情况下，三级过滤对滤菌的效果均可达到 99.9% 以上。另外，提高新风过滤效率不仅可降低室内空气和新风的含尘浓度，还可以提高系统中各个部件的寿命。据测算，如果新风系统采用了三级过滤新风机组，表冷器、中效过滤器和高效过滤器的寿命将延长到原寿命的 3 倍以上。新风三级过滤的方案能在很大程度上节约控温系统的设备维修费和运行费。但在这里需要特别指出的是，新风机组内的风机压头要足以克服三级过滤的阻力，如果新风需要冷热处理，还要考虑通过盘管的压头损失。

注意事项　控温系统在停机重新启动后，室内细菌浓度和臭味会瞬时增加，同时随着控温系统运行时间的增加，室内会越来越显憋闷。这是因为热交换盘管、肋片、阀门及其周边部分上面滞留的凝结水，在停机期间因温度逐渐升高而慢慢蒸发形成盘管四周高湿度条件，成为适合微生物繁殖的环境（25～42℃的水体中会大量繁殖各种细菌）。繁殖时生成的大量气体由于系统启动而突然释放出来，成为异味之源。由于传统的新风系统用初效过滤器效率偏低，加之我国的大气尘浓度普遍偏高，因此上述问题将会日趋严重。其后果不仅是使新风系统品质下降，而且由于进入系统的新风尘埃浓度高，很快会使系统中的部件（尤其是末端的高效过滤器）堵塞，从而使新风量骤减，室内氧气比例降低，造成恶性循环。因此，加强新风尘埃的过滤，成为保证洁净控温系统免受微生物污染的重要因素。

另外，新风量的大小直接影响接种室、培养室的静压差、洁净度与工厂内部卫生状况。新风量小，接种室内的工作人员会感到缺氧，达不到舒适卫生要求，培养室的正压不易保证，室内含氧量低导致食用菌畸形；新风量大，虽然接种室内的舒适度增加，但是，控温设备负荷增大，为保证洁净度，过滤器的过滤面积增大，过滤器更换时间缩短，会造成能源的浪费。实际新风量应严格参照相关数据进行设定。

5. 通风系统

培养间及接种间内不仅温度较低，而且总排风量较大，所以新风负荷可占总负荷的绝大部分，为了减少冷热负荷，必须设能量回收装置。由于每个单元的通风量较小，排风湿度较大，因此应选择结构简单可同时回收显热和潜热的板翅式全热回收装置（车国平，2015）。在严寒或寒冷地区，由于室外温度较低，而生产单元内的培养间和生育室湿度较大，露点温度较高，故能量回收装置排风侧易结霜（可允许结露，但应有排凝结水措施）。在保证排风侧不结霜的前提下，进风侧系统应采取以下措施，且应尽可能减小对全热回收器效率的影响。①设置预热器，应尽可能降低预热器新风出口温度；②调节新风旁通管阀门，尽可能减少流经旁通管的新风量（车国平，2015）。

在过渡季节，应尽可能加大新风风量，以满足车间内冷负荷的需要，从而达到"免费供冷"的目的。此时，为减小系统阻力，应开启全热回收器旁通风道阀门。同时为适应风量或阻力的变化，送、排风机应设变频器以节省电能。

6. 风淋

在接种间之前，需要设一个风淋室，除去衣服表面的灰尘等杂质，尽量避免污染。

1）风淋操作流程

（1）进入车间的人员应在外更衣室穿戴好静电服、静电鞋和无尘帽。

（2）走近风淋室外门，确认风淋室内没有其他人员，风淋室门外部亮起绿色指示灯时才可进入，否则不得打开风淋室外门。

（3）打开外门，进入风淋室后随手关闭外门。

（4）走过风淋室红外感应探头，此时风淋室双门自动上锁，同时风淋室风机启动，开始吹淋。吹淋过程中需要将胳膊高举，360°转动身体，以保证各个部位都被吹到。

（5）按设定的时间吹淋完毕后，打开风淋室内门进入车间。

2）风淋参数设定（非设备人员不得擅自更改参数设定）

（1）电源键：控制风淋室的电源，风淋过程中如有特殊情况可按"电源键"结束风淋，并迅速离开风淋室。

（2）风机键：按该键可执行一次风淋循环。

（3）照明键：控制风淋室内照明灯的开启和关闭。

（4）设置键：按该键结合"+"、"−"键可分别对风淋时间、照明时间、屏保时间、间隔启动进行时间长短的设定。

3）注意事项

（1）进出门时必须轻拉或推门把手，不要将门打开至极限，以免造成门、门锁的损坏。

（2）风淋室在打开电源后，只能一次开一个门。因此，在一门打开状态下绝不要用力开另一门。

（3）在吹淋状态时，风淋室的两个门默认关闭，不得强行将门打开。

（4）吹淋结束后请等待 2s 以上再开门。

4.3.2 控温系统

控温系统，即借助空调，对室内环境空气的温度、湿度、洁净度、速度等参数进行调节和控制的设备仪器的集合。一般包括冷源/热源设备，冷热介质输配系统，末端装置等几大部分和其他辅助设备，具体包括水泵、风机和管路系统等。末端装置则负责利用输配来的冷热量处理空气状态，使室内的空气参数达到要求（李玉等，2011）。

食用菌的种类繁多，每个种类各个生长阶段对温度、相对湿度和 CO_2 浓度的要求也有差异，所以必须将车间内的温度、相对湿度和 CO_2 浓度控制在工艺要求的范围内。具体的参数及要求应由负责人及种植专业人员提供。食用菌主要种类全年室内空气设计参数（参考）见表 4-3。

表 4-3　食用菌主要种类空气设计参数（参考）

食用菌主要种类	温度/℃		相对湿度/%		CO_2 浓度/（mg/L）	
	培养间	生育间	培养间	生育间	培养间	生育间
杏鲍菇	22～27	10～17	65～70	80～90	≤2 200	2 000～6 000
金针菇	20～24	5～12	60～65	85～95	≤2 000	600～10 000
平菇	24～26	13～15	60～80	85～90	300～650	≤2 000
猴头菇	21～24	15～17	70～80	80～90	≤1 000	≤1 000
双孢菇	22～24	13～16	60～65	80～90	≤1 000	≤5 000
香菇	24～26	18～21	60～70	80～90	≤1 000	≤5 000
白灵菇	25～28	4～15	60～70	85～90	≤3 000	≤1 500
真姬菇	20～23	13～18	70～75	90～98	≤4 000	≤3 000
草菇	30～35	28～30	70～80	90～95	≤2 000	≤2 000
黑皮鸡枞菌	22～25	20～25	60～70	75～80	300～650	≤5 000
黑牛肝	28～30	26～29	50～70	90～98	≤4 000	≤3 000

注：食用菌预冷间温度为 2～3℃，食用菌冷藏间温度为 4～6℃；其余特殊房间可按专业人员要求设定

1. 设计方案

培养间和生育室堆积、排列着大量栽培瓶（袋），在菌丝和子实体生长发育阶段，食用菌对原料分解和生化反应会产生一定的热量，但是迄今为止，发热量还不能确定，不能提供准确或具有参考价值的数值，这就给确定各培养间冷热负荷的工作带来困难。根据以往的厂房设计和运行情况，通过分析比较维护结构热工性能、空调通风等负荷及冷热源负荷输出的数值，提出培养料在设计参数下的散热量的参考计算方法（车国平，2015）。具体参数如下。

1）热量

食用菌在不同生长阶段、不同室温下的散热量是不同的。食用菌在菌丝培养的前期，散热量呈明显的增长趋势。在菌丝培养中后期和子实体发育的过程中，散热量呈微弱的增长趋势，即在菌丝培养中后期和子实体发育的过程中，在相对较长的时间内可认为散热量变化很小，故可按稳定传热方法进行计算（车国平，2015）。在某一生产单元内，假设单位时间内每个栽培瓶（袋）的最大散热量为 q_{max}（W/瓶），栽培瓶（袋）的总数为 N（瓶、袋），即在某一时段内单位时间原料最大散热量（Q_{max}，W）的计算公式如下

$$Q_{max} = N \times q_{max}$$

培养间的 q_{max} 取 0.055～0.065W/瓶，生育室的 q_{max} 取 0.065～0.075W/瓶，当单元内栽培瓶布置密度较大时，此值宜取下限，密度较小时宜取上限。一般生育室的布置密度约为 250 瓶/m²，培养间布置密度约为 350 瓶/m²。在培养间和生育室的

正常生产期间，车间是无生产人员的，只有管理人员进行不定期的巡检。

2）二氧化碳散发量

在食用菌的生产过程中，培养料在培养期及子实体生长期的每个阶段，原料和食用菌子实体分解、代谢作用会呼出二氧化碳。同样，由于二氧化碳的散发量尚不能进行定量，无法准确确定相关数值，根据已运行的厂房通风量和每个阶段室内二氧化碳浓度，提供以下参考计算方法。

（1）在培养间内，菌丝在整个培养期的二氧化碳散发量是逐步增加的，但在后期增加量较小且较平稳。单位时间内二氧化碳最大散发量（$M_{1\max}$）为

$$M_{1\max} = N_1 \times q_{1\max}$$

式中，N_1 为单元内栽培瓶的数量，瓶；$q_{1\max}$ 为单位时间内每瓶培养料散发的二氧化碳的最大量，mg/（瓶·s），可取 0.05mg/（瓶·s）。

（2）在生育室内，子实体在整个生长期的二氧化碳散发量是逐步增加的，特别是在生长中后期。单位时间内二氧化碳最大散发量（$M_{2\max}$）为

$$M_{2\max} = N_2 \times q_{2\max}$$

式中，N_2 为单元内栽培瓶的数量，瓶；$q_{2\max}$ 为单位时间内单位质量的食用菌子实体呼出的二氧化碳的最大量，mg/（kg·s），可取 0.15mg/（kg·s）。

3）通风量

由于培养间和生育室的栽培瓶（袋）排列密集，受通风气流组织及空气与二氧化碳密度等因素的影响，二氧化碳的分布不可能理想化，故通风量应乘以安全系数 K，K 值应根据栽培瓶（袋）的排列密度、气流组织等因素确定。通风量计算公式可简化为

$$L = KM / (Y_n - Y_i)$$

式中，L 为通风量，m^3/s；K 为安全系数，可取值为 1.5～2.0；M 为某一时段二氧化碳散发量，mg/s；Y_n 为全面通风时单元内二氧化碳浓度，mg/m^3；Y_i 为进风二氧化碳质量浓度，mg/m^3。

为防止走廊等其他房间的气体进入培养间和生育室，必须维持培养间和生育室内一定的正压值，故排风量应为送风量（即新风）的 0.9 倍。同时生育室新风换气应控制在 3h 一次；培养间换气次数应控制在 2h 一次。

注意事项　①为防止和控制生产单元之间食用菌的细菌交叉感染，每个生产单元的送、排风系统应独立设置。②室外进风口与排风口应有一定的间距且不应在一个平面；单元内送风口与排风口不应设置在同一侧，使单元内气流不致出现短路，并尽可能使气流组织达到"活塞置换"的效果。③由于单元内原料瓶排列密集，冷风机的设置应使气流、温度、湿度均匀。④在过渡季节，即使冷（热）风机不承担冷热负荷，也应开启风机以增加气流扰动。室外进风口处设初效过滤器，单元送风口处设中效过滤器。

2. 洁净设置

为防止细菌、病毒对食用菌的污染，应对冷却间、培养间、生育室的通风系统进行净化设计；对菌种培养间和接种间进行洁净设计。相关参数及标准如下。

1）冷却间、培养间及生育室

根据工艺要求，可仅对空气进行净化处理。进风系统应设置初、中效过滤器，过滤掉大部分粒径大于 1.0μm 的尘埃颗粒。

2）菌种培养间是防污染和病毒细菌的核心区域

因大部分的病毒细菌附着粒径为 0.1～0.5μm，据此，洁净设计等级应为 ISO 6 级，温度宜为 18～20℃，相对湿度宜为 55%～65%，风量应经计算确定，但换气频率应控制在 50 次/h 以内。因菌种培养间操作人员极少，且长期关闭，故菌种培养间新风量应为总风量的 10%，并应维持 9.8Pa 的正压值。

3）接种间

接种部位（局部）洁净设计等级应与菌种培养间相同，即 ISO 6 级，温度宜为 16～18℃，相对湿度宜为 65%～75%，风量应经计算确定，但换气次数不应小于 30 次/h，并应维持 9.8Pa 以上的正压值。

3. 节能设置

1）冷热源形式

厂房位于近郊或者农村，其地下水或者土地资源相对丰富，在符合当地建设行政法规的前提下，尽可能采用地下水源、土壤源、空气源热泵作为冷源。在无城市供热管网时，也应采取上述方式作为热源。

2）直接供冷

在过渡季节可利用室外气温较低和冷负荷较小的特点，关闭制冷机，采用冷却塔冷却水或地表水直接供冷，以节省电能。

3）冷凝热回收

将制冷机排出的冷凝热予以回收来加热厂区生活热水。根据制冷负荷、制冷机台数和生活热水耗热量，选择标准型或附加冷凝器的热回收制冷设备和系统形式，在保证尽量减小对制冷机效能影响的前提下加大冷凝热回收量。

4）凝结水和冷却水的利用

对灭菌后的蒸汽凝结水应予以回收，可将其作为蒸汽锅炉的给水进入锅炉给水箱。对栽培瓶（袋）进行冷却的冷却水经过盘管，温度升高后（经处理），也应进入锅炉给水箱。当采用盘管冷却时，栽培瓶（袋）温度降至 50℃ 左右或者高于冷却水温度 10℃ 左右时，方可采用室外空气冷却的方法继续冷却。为减少接种间冷热负荷，夏季栽培瓶（袋）应尽可能冷却至接近室外空气干球温度，冬季应冷却至 40℃ 左右。

4. 系统形式

1）冷却间

栽培瓶（袋）经蒸汽灭菌后先由设于室内墙壁的水盘管冷却，然后再由风机冷却系统冷却。在室外取风口处设板式初效过滤器，风机出口处设中效过滤器，将室外冷风送入冷却间的底部，并保持室内绝对正压值，利用冷却空气的温升，使室内热空气从上部排风口排出的同时保证冷却物不被污染。

2）生育室和培养间

在每个单元内的独立送风系统进风口处设板式初效过滤器，在进入房间的送风管处设中效过滤器。在能量回收装置中，送、排风机的位置应保证进风通道为正压段，排风通道为负压段，以避免排风系统对送风系统的污染。

3）菌种培养间

由于面积较小，房间洁净度要求较高，应采用装配型洁净室，气流方式可为非单向流。在人员入口处应设吹淋室，同时应设传递窗、余压阀、清扫间，配备移动式吸尘器及相应尘粒计数器等工具。

4）接种间

由于工艺要求维护结构侧壁，设置敞开式传送带输送口，以便接种机传输设备穿越接种室，而且发尘源移动并且变化，很难准确计算发尘量，因此系统形式应采用组合型洁净室方式。送风系统设置初、中效过滤器及高、中效过滤器，传送机穿越接种室侧壁应尽可能减小开口面积，在开口上方应设置贯流式风机风幕。为保证接种操作点 ISO 6 级的洁净等级，应在接种机上方设置上回风型单向流局部净化罩，罩下侧壁设条型柔性塑料垂壁。因采用传送带输送口作为排风口，所以排风口风速不应小于 0.75m/s，亦可不设机械排风系统及余压阀。同时在人员入口处应设气闸室及清扫间。接种间剖面示意图如图 4-15 所示。

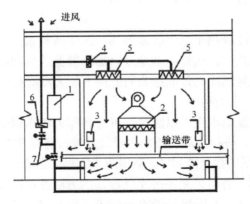

图 4-15　接种间剖面示意图

1. 空调器；2. 层流罩；3. 风幕；4. 中效过滤器；5. 高中效过滤器；6. 粗效过滤器；7. 电动风阀

4.3.3　加湿系统

湿度（水分）是影响菌类生长发育的重要条件，加湿设备一般置于菇房内，为食用菌生长发育提供适宜的湿度。传统的人工喷水加湿完全靠个人经验来掌握喷水时间及喷水量等，无法达到加湿均匀、湿度适量等严格要求。随着工厂化的不断发展，人工喷水加湿早已不能满足生产需求，而且会浪费更多的人力、财力。在这种情况下，具有喷雾均匀、加湿效率高、移动灵活等特点的各种加湿器应运而生。现在食用菌工厂化栽培用的加湿器基本分为二流体加湿器、高压微雾加湿器、超声波加湿器、喷雾器 4 种类型。

实践表明，除真姬菇、草菇外，大部分食用菌生长条件下的空气相对湿度为 85%～90% 时，有利于菌丝和子实体的生长；若湿度长期处在 95% 以上，则容易滋生杂菌和感染病虫害，子实体容易腐烂，小菇蕾萎缩死亡。由此可见，湿度是食用菌出菇管理中非常重要的一个环节，直接影响到菇的品质和产量。因而，湿度的范围必须严格按照食用菌的生长要求进行标准化控制。

4.3.4　光照系统

不同的食用菌对光照的需求不同，根据工厂生产的食用菌种类，设计安装适宜的光源。光源主要有白光灯、蓝光灯、紫外灯和红光灯，根据不同品种的食用菌，不同的生长时期调节光源和光照强度，以达到提高产品质量与品质，改善子实体形态的目的。

菇房光照控制是种植业生长环境智能控制系统的一部分，功能是光照补偿。在层架之间布置 LED 灯带，由数字农业光照传感器采集光照数值，根据数值大小来调节 LED 灯带的光照强度，进而给食用菌补光，以保证食用菌有一个良好的品相，提高销售价格。不同种的食用菌对光照的需求大致可见表 4-4。由于不同品种的食用菌在不同的生长阶段对光源种类、强度的需求不同，具体细节将放在具体的工厂化生产食用菌实例及栽培技术要点中讨论（第 6 章）。

表 4-4　各种食用菌所需要的光照

食用菌	培养间			生育间		
	光照强度	光质	光照周期	光照强度/lx	光质	光照周期
杏鲍菇	全黑暗	—	—	500～1000	红光	常亮
金针菇	全黑暗	—	—	200～500	红光、黄光	间歇光照
平菇	全黑暗	—	—	<2000	蓝光	5～10h
猴头菇	全黑暗	—	—	200～800	散射光	常亮
双孢菇	全黑暗	—	—	全黑暗		

续表

食用菌	培养间			生育间		
	光照强度	光质	光照周期	光照强度/lx	光质	光照周期
香菇	全黑暗	—	—	<1000	散射光	常亮
白灵菇	全黑暗	—	—	200~500	散射光	常亮
真姬菇	全黑暗	—	—	300~500	散射光	10~15h
草菇	全黑暗	—	—	50~100	散射光	常亮
海鲜菇	全黑暗	—	—	300~500	白光、蓝光	间歇光照
黑皮鸡枞菌	全黑暗	—	—	1500~2000	白光	间歇光照
黑牛肝	全黑暗	—	—	100~800	散射光	常亮

4.3.5 智能系统

食用菌工厂化生产环境智能监控系统是根据物联网平台而研制，通过各种传感器实时采集每间菇房的温度、湿度、pH、氧气浓度、二氧化碳浓度、光照强度及外围设备的工作状态等参数，并通过 WSN 和 GPRS 网络传输到用户手机或者监控中心的电脑上，并可根据食用菌的生长规律结合专家管理系统，自动控制风机、加湿器、照明等环境调节设备，保证最佳生产环境，以提高食用菌的产量和质量。系统图如图 4-16 所示。

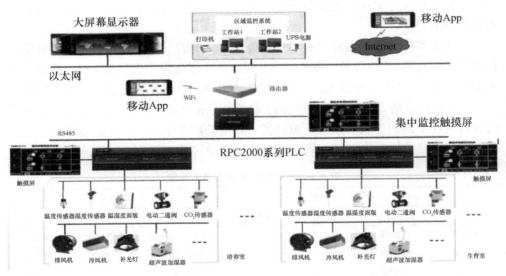

图 4-16　自动化控制构架拓扑图（彩图请扫封底二维码）

　　厂家可以通过厂家权限对培养菌菇类型进行修改，从而改变 PLC 自动控制策略，实现多种菌菇培育控制参数切换。也可以通过后续升级，不断完善菌菇培育种类，丰富生产菌菇的 PLC 程序，方便不同菌菇生产厂家使用。

　　对菌菇房内温度、湿度等的控制，可以通过 PLC 对设备进行自动控制，控制稳定可靠，而且可以自定义控制条件，以满足不同条件下的控制需求。

　　用户可以根据不同菌菇的生长周期和环境要求，对各个阶段的时间范围进行设定，并对各个阶段的温湿度等参数进行设定，还可以进行数据保持、导出，从而达到智能控制。

【思考题】

1. 食用菌工厂化生产的定义。
2. 食用菌厂房设计应遵循哪些原则？
3. 食用菌工厂为何要划分功能区？
4. 食用菌工厂需要净化空气的功能区有哪些？
5. 风淋室主要有什么作用？
6. 新风系统主要包括哪些设备？

第 5 章　食用菌工厂化生产与加工

5.1　食用菌工厂化生产前期准备

食用菌工厂化生产是一项耗时长、涉及范围广的生产活动，经常是周年循环生产，开始后需要投入大量的设备和人力、物力，期间一旦暂停就会造成巨大的损失。因此，在开始前需要进行大量的前期准备工作，生产用水、栽培基质、菌种等都需要提前准备，生产设备亦需要提前检查维护，以避免生产过程中意外发生。

5.1.1　生产用水

（1）对新采用的水源须采集水样到有法定检验资质的部门进行水质检测，应符合《生活饮用水卫生标准》（GB 5749—2006）中规定的水源方可应用。

（2）使用过程中应保护好水源，定期抽样检查，若发现异常，须立即停用，查明原因，及时处理。

（3）可按照实际用水的需要，建立适当容量的蓄水池，保障用水。

（4）可采用臭氧、漂白粉等安全消毒方法，对水质进行净化处理。

5.1.2　栽培基质

1. 栽培原料

食用菌栽培基质的原料应符合《食用菌栽培基质质量安全要求》（NY/T 1935—2010）。原料的来源地应清洁和稳定，确保原料质量安全及营养成分的相对稳定。

1）原料的采购与管理

对于购进的原料应与供应商签订合同，明确原料质量要求，防止掺杂掺假。原料的来源区域、初加工单位应相对稳定。生产原材料应贮存在固定的仓库内，不可露天存放。每批购进的原料必须抽样检查，验收合格后登记入库，对不合格的原料，一律予以退回。原料库存期间应定期检查，消除漏雨、潮湿、霉变、虫害、鼠害、火灾等隐患。原料出库须对品种、数量、用途、责任人进行详细登记。

2）培养料的处理

根据不同食用菌种类、生产方式对培养料进行复配和处理，控制或杀灭有害病虫，使其有利于食用菌的生长发育。

（1）熟料 部分不易吸水的原料（如玉米芯）在搅拌之前需要提前预湿，以防灭菌不彻底导致污染。原料按照栽培配方充分混匀后分装于栽培袋（瓶）中，经过高温灭菌制成熟料。灭菌过程中，绝大多数微生物及孢子被杀死，达到无菌要求，部分高分子有机物被糖化降解，基质颜色变为深咖色或棕色。灭菌温度不可过高，时间不可过长，防止培养料碳化及营养损失。木腐食用菌多用熟料栽培。

（2）腐熟料 先用石灰水将秸秆等原料浸泡、软化、消毒，然后按照营养配方进行堆制发酵成腐熟料。一般采用室外堆制前发酵和室内后发酵的二次发酵方法。在后发酵中控制料温为 60～65℃，持温 8～12h，进行巴氏消毒，杀灭有害微生物，然后控制料温在 50℃左右，维持 4～6 天，培养有益微生物，部分纤维素、木质素等高分子有机物得到降解。草腐食用菌多用腐熟料栽培，目前的工厂化双孢菇多采用三次甚至四次发酵技术。

（3）生料 采用无污染、无霉变腐烂的原始材料，按照配方要求配制而成。生料仅适用于如平菇、皱环球盖菇等生命力及抗杂菌能力较强的食用菌。生料栽培风险较大，生物学效率低，一般不采用。

2. 土壤及覆土材料

1）质量要求

地栽食用菌的场所土壤及腐殖质等栽培中所用的覆土材料应符合《土壤环境质量 农用地土壤污染风险管控标准（试行）》（GB 15618—2018），土壤质地最好为壤质土，其有机质含量高、团粒结构好。取土区应 3 年内未从事过食用菌生产或未堆放过食用菌废弃物。

2）消毒处理

根据食用菌生产要求，可选用暴晒、蒸汽、臭氧水、石灰、甲醛等方法，对食用菌地栽场所的土壤和覆土材料进行安全消毒处理。

3. 化学肥料、农药、食品添加剂

1）化学肥料

食用菌生产过程中尽量不使用化学肥料，即使使用，也应符合 NY/T 1935—2010 的要求。

2）农药

食用菌生产环境消毒及病虫害防治的农药使用应符合《农药安全使用规范　总

则》（NY/T 1276—2007）的要求。禁止使用高毒高残留农药和对食用菌敏感的农药。食用菌出菇期间不得使用任何农药。

3）食品添加剂

食品添加剂的使用应符合《食品安全国家标准 食品添加剂使用标准》（GB 2760—2014）和 NY/T 1276—2007 的要求。添加的剂量和使用方法应符合相关要求，不得添加荧光增白剂等非食用、有毒有害物质或滥用添加剂。

4）管理

化学肥料、农药和食品添加剂等化学物品必须建立严格的管理制度，具体要求如下：

（1）化学物品应分类贮存于仓库专区内，有专人负责保管；

（2）对购进的化学物品须经严格验收，登记入库；

（3）凡国家禁用的化学物品不得购进入库，一旦发现，追究责任；

（4）凡领用化学物品，须对物品名称、数量、用途、领用人等作详细登记；

（5）未使用完的化学物品须由领用人交到指定处保管，不可乱丢乱放，不得擅自处理；

（6）凡化学物品有质量问题及保管、使用过程出现问题，须及时追溯原因、及时处理并追究责任。

4. 菌种

1）种源控制

食用菌母种应从具有菌种资质的部门引进，亦可自行分离、选育、纯化、复壮、保藏和繁育菌种，自产自用。对于新引进或者自行培育的菌株，在进行大规模生产之前，必须先验证其生产性能。

2）菌种生产

菌种繁育应严格按照《食用菌菌种生产技术规程》（NY/T 528—2010）的要求进行生产，确保菌种活力和纯度。注意事项如下：

（1）杜绝带虫、带病、退化菌种的使用；

（2）"母种→原种→栽培种"的继代繁育顺序不可颠倒；

（3）原种和栽培种应在适宜的菌龄期内尽快使用，原则上不做保藏菌种；

（4）菌种培育中应定期严格检查，发现异常现象的菌种必须立即移出销毁；

（5）菌种生产过程中产生的废弃物按照相关规定进行处理；

（6）做好菌种生产台账，注明生产批号和日期，便于质量追溯。

3）菌种管理

严格执行《中华人民共和国种子法》和《食用菌菌种管理办法》，建立健全菌种生产、销售、使用台账及质量追溯制度。

5.1.3　调适环境

1）环境因子调控

在食用菌生长发育过程中，针对培菌、催蕾、长菇等关键阶段，进行温度、湿度、空气、光线等环境因子的调控，使其适合于食用菌不同生长发育阶段对环境的需求。

2）有害生物抑制

贯彻"以防为主，综合防治"的原则，全面落实"农业防治、生物防治、物理防治"为主、"化学防治"为辅的防治方法和措施，保持栽培环境卫生，实现对病虫害的有效抑制。

5.1.4　管理体系

1. 食用菌标准化生产体系

应按照农业标准化要求，采纳相关现行国家、行业、地方标准，对尚未制订标准的可编制企业标准予以完善食用菌技术标准体系。针对当地食用菌产业实际情况，按标准编写准则，编写食用菌管理标准和食用菌工作标准。由技术标准、管理标准、工作标准构建成食用菌标准体系，开展环境管理系列标准（ISO14000）、ISO9000 标准、食品安全保证体系（HACCP）等质量管理体系认证，为食用菌清洁生产提供技术支撑。

2. 食用菌清洁生产管理手册

应编制食用菌清洁生产管理手册，确保组织管理规范化。该手册应包括但不限于以下内容：

（1）清洁生产管理方针和目标；

（2）管理组织机构及其岗位责任和权限；

（3）各岗位清洁操作规程；

（4）内部检查制度；

（5）文件和记录管理。

3. 可追溯体系

1）记录归档

（1）应保持食用菌清洁生产全过程详细记录。例如，产地环境检查检测报告及清洁卫生记录、各类投入品入库出库及使用记录、菌种生产过程各项记录、栽培过程各项记录、产品包装贮藏销售记录、内部检查记录等，以及可跟踪的生产菇房、日期、批号系统。

（2）各项记录应分类归档，要有专人负责保管。

（3）各类记录档案应保留 2 年以上。

2）管理组织

应建立由单位主要负责人（负总责）、内部检查员、技术员与岗位负责人组成的质量管理小组，全面负责食用菌清洁生产质量管理与追溯工作。

3）内部检查

建立健全内部检查制度，由内部检查员定期对食用菌清洁生产各环节进行严格的质量安全监督，及时如实编写检查报告，对出现的问题由质量管理小组负责处理。

4）质量追溯

对菌种、鲜菇产品质量出现的问题应分析可能产生的原因，按日期批次号追查生产过程的原始记录，查明问题发生的真正原因，提出解决问题的办法和措施，对造成生产或客户一定经济损失的应采取相应补救措施，追究有关责任人。

5.2　食用菌生产流程

食用菌的生产工艺流程为：原料采购、预处理→原料配制→装瓶（袋）→灭菌→接种→发菌培养→出菇管理→采收→挖瓶→分级包装。

1. 拌料、装料

食用菌培养基质应严格按照配方来添加原材料，同时按标准的搅拌工序进行搅拌，即干搅 15min→边加水边搅拌 30min→湿搅（6～9 月 45min，其他月份 60min）→出料（搅拌总时间＜2.5h）。在工厂化生产过程中，通常在培养料配制过程中定时定量加水，并用红外线水分测定仪监测培养料的含水量。食用菌培养料含水量一般控制在 60%～65%，传统的人工检测方法为：手抓一把料，用力握紧，无水滴滴下，松开后指缝湿润，培养料成团不松散。食用菌喜偏酸环境，最适 pH 为 5.6～6.5。由于培养料在灭菌后 pH 有所下降，加上培养过程中食用菌新陈代谢产生各种有机酸，也会使 pH 降低（王耀荣等，2011），故在配制培养料时，应将 pH 适当调高一些。

拌料结束后，培养料由装瓶（袋）机组自动装料，装料松紧度均匀一致，在栽培瓶中的装料高度以瓶肩至瓶口 1/2 处为宜，装料后压实料面并打接种孔，盖好瓶盖；栽培袋的装料量及松紧度依食用菌品种而异，建议使用能够自动封口的装袋机。

2. 灭菌

1）灭菌基本行程

灭菌行程图如图 5-1 所示。

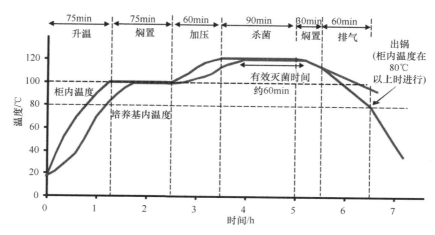

图 5-1　灭菌行程图（彩图请扫封底二维码）

（1）抽真空：此过程在 15～20min 完成，抽真空后锅内温度为 75～85℃。

（2）升温：升温至 100℃，维持 60min。

（3）灭菌：122℃，维持 90min。灭菌时间若偏长，营养损失会增多（熟成过度）。但灭菌时间还应根据栽培瓶（袋）的大小而适当调整，若装料量增加，为保证灭菌彻底，灭菌时间应适当延长。

（4）焖置：不通蒸汽，122℃，焖置 30min。

（5）排气：排出锅内蒸汽，至锅内压力降至 0.007MPa 时，灭菌结束。正常灭菌总时间不超过 4.5h。

（6）出炉：锅内温度降至 80℃以后，从后门快速搬出灭菌筐，在冷却室降温。

2）灭菌注意事项

（1）严守当天灭菌。

（2）严守灭菌的温度及时间（空间温度：121℃，90min）。

（3）出炉前确认锅内是否存在残余压力。

（4）确保出炉时温度在 80℃以上。

（5）彻底贯彻安全作业，配备安全保护装置，注意灭菌锅本体、配管等处的蒸汽泄漏等。

3. 冷却

灭菌结束后，需置于洁净的冷却室内冷却料温至 20℃以下。若料温冷却不够，则接种后，菌种受热会发生变异或生长受到阻碍。冷却过程中，栽培瓶（袋）因热胀冷缩会与外界发生气体交换，不同的温度，气体交换体积不同，其污染率也不同。料温从 100℃开始，冷却至 20℃的过程中，瓶内外空气交换体积约为 50%。若料温从 80℃开始冷却，则瓶内外空气交换体积约为 30%。气体交换过程中可能会吸入杂菌，导致污染发生，所以冷却室要保证空气绝对净化，且应在灭菌锅内冷却至 80℃以后，再进入冷却室。

冷却过程主要是为了防止霉菌（青霉、毛霉等）污染（一般的霉菌菌丝，在 80℃左右就会被杀灭）。冷却室消毒处理采用 400mg/L 的强氯精（trichloroiso-cyanuric acid, TCCA）清洗地面，200mg/L 新洁尔灭擦拭墙体，最终保证在无尘、无菌环境下进行 80℃以下的冷却。

冷却注意事项如下：

（1）冷却室尽量不和培养室、生育室共用同一制冷设备，避免冷却室大量放热时对整个系统产生影响，保证其充足的降温能力；

（2）冷却室万级净化，内循环；

（3）环境日常卫生清洁及保持，辅以臭氧、紫外线消毒等灭菌措施；

（4）人员流动控制制度健全并严格执行（执行力）；

（5）物流控制严格按照操作规程执行，灭菌栽培瓶、筐等物品上尽量无尘。

4. 接种

培养料温度降到 20℃以下后，将料瓶（袋）搬入接种室，用自动接种机接种。使用的菌种必须仔细检查是否有杂菌污染及生长不良，确保所使用的菌种质量及种性稳定。菌种使用前清洗、消毒瓶外表面，然后无菌操作去除上表面及接种孔里的老菌块。接种人员更换清洗、消毒过的衣、帽、鞋，戴口罩，通过风淋进入接种室。接种前消毒接种机接触菌种的部件，保持接种室空气洁净。

固体栽培工艺中，菌种的接种要定量，每瓶接 44～50 瓶。每天工厂所需要的菌种量是根据日生产总量来计算，接种量过多，浪费菌种，并影响菌种瓶内的通风换气。接种量过少，料面菌种封面慢，易引起污染。目前食用菌生产以液体菌种为主（接种量见表 5-1）。液体菌种较固体菌种发菌快，通常只需 6～7 天的培养

表 5-1　不同栽培瓶的灭菌时间及接种量

栽培瓶规格/ml	装料量/g	灭菌时间/min	接种量	
			固体/g	液体/ml
850	520	60	7.5	25
1100	675	80	9.0	27
1200	750	90	10.0	30
1400	1000	105	12.0	35

时间。用液体菌种接栽培种,要比使用固体菌种发菌快 10 天左右,因为液体菌种流动性好,发菌点多,分布均匀,发满菌瓶所需的时间也就大大缩短。另外,用固体菌种接种后,菌丝从上向下延伸,上下部菌龄要相差 1 个月以上,而液体菌种发菌点多,发菌时间短,菌龄相差不大。

食用菌工厂化栽培接种过程注意事项如下。

(1)接种室墙壁构造平滑化,便于清扫;去除木质、纸张等可能沾染杂菌的杂物,万级净化,室内温度不超过 13℃,湿度不大于 80%,正压。

(2)接种料温偏低,接种量少等,都会导致菌丝生长偏慢。

(3)液体栽培的接种量为(35±3)ml/瓶。

(4)液体菌种呈圆锥形喷洒,均匀喷洒至整个料面,菌液能通过孔径流至瓶底。

5. 发菌培养

接种完成后,将栽培瓶用机械手整齐摆放于塑料栈板上(10 层,每板 40 筐)。不得用手触碰栽培瓶,运输到培养室指定库位进行发菌培养,同一天接种的栽培瓶不能相邻摆放(间隔 3 天以上)。由于发菌过程中,菌丝生长进行呼吸并产生大量的二氧化碳及热量,需保持培养室内良好的通排风,比较合理的堆放密度为 450～500 瓶/m^2。堆放高度为 12～15 层,每区域留通风道。正常情况下,接种后 10～15 天菌丝可伸入培养基 20～25mm。如果发菌顺利,接种后 20～25 天菌丝可覆盖整个料面,此阶段要求挑出杂菌,并将发菌瓶未满的菌瓶排在一起继续发菌。

由于发菌初期及后期菌丝生长呼吸所产生的热量较少,而发菌中期菌丝生长旺盛,发热量大,如不加以通风,及时散热,会导致菌丝生长缓慢甚至停止,出现菌丝老化等生理障碍,最终不出菇或出菇质量差。故培养室温度设定应分阶段调整。

(1)初期培养(10 万级净化):区别料温、瓶间温度、空间温度(以金针菇为例,以下同)

"培养室一"放置接种后 1～6 天的栽培瓶。室温 15～16℃,瓶间温度 16～18℃;相对湿度控制在 60%～70%,不得大于 80%或低于 50%;CO$_2$ 浓度控制在 1000～2000mg/L;黑暗条件下培养;菌丝生长达到 2cm 左右(瓶颈位置),移库,移入后段继续培养。

(2)后期培养(30 万级净化):区别料温、瓶间温度、空间温度

"培养室二和三"放置培养时间为 7～21 天的栽培瓶;培养室室温 13～14℃,瓶间温度 17～19℃;湿度控制在 60%～70%(保湿);CO$_2$ 浓度控制在 1000～2000mg/L;黑暗培养。发菌中、后期,随着菌丝呼吸旺盛,水分消耗增加,需相应提高空气湿度。

培养室的注意事项如下。

（1）温度：温度偏低，会导致菌丝生长偏慢，菌丝不容易长透栽培料，养分积蓄不充分，不利于出菇；温度偏高，会导致菌丝徒长，菌丝体干重偏轻，养分积蓄不充分，易脱壁。

（2）湿度：湿度过小，搔菌后料面发白，原基少，易脱壁，料面干燥，易产生老芽，甚至影响原基生长；湿度过大，气生菌丝多，不利于后熟，且被杂菌污染的风险增加。

（3）CO_2浓度：过高的 CO_2 浓度会影响菌丝的呼吸作用，阻碍菌丝成熟。

（4）培养室内循环：库房空间内循环较差时，库房内不同位置的温度、湿度、CO_2浓度存在一定差异，会导致发菌状态不一致。

（5）由于菌丝在后期培养过程中呼吸会产生大量热量（发热期注意通风换气），加上栽培瓶堆放较高，因此要密切关注发热期的高温问题，使瓶间温度不高于20℃。

（6）防范培养室高温障碍的菌床布局：如果从库房的里侧依次放置菌床，发热高的菌床集中在一起，库房内的温度容易不均，造成高温。发热高与低的菌床交错放置，而且在菌床之间留取较宽的间隔，可使库房内更好地通风，消除温度不均的问题。

6. 搔菌工艺

生产上，为了降低污染率，通常在接种表面接入大量菌种使之覆面，以减少杂菌在培养料上生长的概率。当菌丝长满瓶（袋）时，不同位置的菌丝菌龄相差较大，培养料表面覆盖的菌丝已经老化，此时为了刺激菌丝由营养生长转化为生殖生长，须去除表面老化菌丝，露出活力旺盛的新菌丝。食用菌以菌床成熟为搔菌适期。搔菌过早，菌丝发育未成熟，则原基形成期延长，分化原基少；搔菌过迟，营养消耗多且菌丝活性降低，原基形成少，产量低。掌握正确的搔菌时间有利于提高产量和质量。不同的工厂化食用菌搔菌方式不同，主要分为平搔、环搔和点搔法，搔菌后不同食用菌注水情况也不一样。金针菇通常采用平搔法，即搔去表面 5～6mm 的老菌种及料表层老菌丝，然后注 8～10ml 的水。注水的目的是补充料面水分，增加原基形成数量，但搔菌后菌丝受伤，抵抗力较弱，注水后易引起污染，注水操作时要保持水的洁净。搔菌前要清洁搔菌刀刃；另外，严格挑选，剔除杂菌污染的栽培瓶（袋），以免搔菌刀刃带菌，造成交叉感染。下面以金针菇为例具体介绍搔菌工艺流程。

（1）揭瓶盖　将瓶盖揭开，分类放进周转筐内，送入装瓶车间循环使用。

（2）挑不合格栽培瓶　将出现下列情况之一的栽培瓶挑出来：①被杂菌污染（细菌污染、青霉、毛霉等）的栽培瓶；②含水量过大的栽培瓶（一般栽培瓶都很重，且瓶底颜色暗黑，无菌丝生长）；③接种时未接种的栽培瓶；④培养过程中瓶盖脱落的栽培瓶；⑤因原料或搅拌等不可知因素的影响而导致的发菌不良的栽培瓶。

（3）搔菌　搔菌高度一般为 0.5～1.0cm。搔菌过浅会导致料面老的菌丝体清不干净，影响出菇阶段芽的整齐度和数量。

（4）冲洗料面　冲洗掉瓶口周围培养基，如果不冲洗，会影响料面平整度，增加发芽难度。

（5）注水　注水可补充发菌过程中散失的部分水分，有利于提高出芽率。注水量 5～15ml（可能随季节等因素的改变加以调整）。注水过少，瓶内水分不足，影响产量；但注水过多会导致瓶底菌丝腐烂，也会影响产量。

（6）生育室上架　将搔菌后的栽培瓶通过流水线输送，人工整齐地摆放于生育室床架上。

（7）废料处理　将搔菌清出的培养料从沉淀池内捞起，沥干水分，由外部车辆运出厂外。

7. 出菇管理

搔菌后将菌种移入生育室出菇，工厂化生产以床架式栽培为主，生育室设置 5～7 层床架。菌丝生理成熟后，需要一定的昼夜温差刺激，诱导食用菌原基形成。食用菌原基形成的温度低于菌丝培养的温度，原基分化期，生育室内温度一般控制在 17～18.5℃，湿度控制在 90%～95%。食用菌原基分化阶段不需光照。通过控制排风时间及通风量来控制生育室二氧化碳浓度。连续处理 4 天，即可整齐现蕾。

原基形成 2～3 天属于幼蕾阶段，抗逆性较弱，不能大通风，否则菇体失水过快，影响发育。为确保菇蕾成活，温度控制在 16.5～17.5℃，湿度为 90%～98%，CO_2 浓度为 350～550mg/L，光照时间为 8～10h。菇蕾出现 2～3 天后，肉眼能见到菌柄长 3～5mm、菌盖 2mm 时，采用低温、弱风、间歇式光照等抑制措施，促进菇蕾长得整齐，粗壮。

后期调整环境条件，使菇肉紧实致密，菇形圆正，提高单产，确保优质高产。温度控制在 17.5～19℃，湿度为 55%～65%，CO_2 浓度为 300～650mg/L，光照 10h。当菌菇约长到胶片高度一半（20 天左右）时，将床架里外栽培筐调换位置并将筐旋转 180°，使整个库房内的菇生长更均匀。当子实体符合采收标准时应及时采收。

8. 生产记录

对食用菌栽培过程，包括各类投入品、菌种来源与使用、产品质量检测与销售情况，尤其是化学药品的使用及病虫害防治情况，应作详细记录备案，便于质量追溯。

5.3 食用菌的采收

当子实体生长发育至商品菇标准时应立即采收。采收过迟常产生菌盖开伞、菌柄纤维化等现象，虽产量高，但质量下降。采收太早则产量低，且菌盖大小、菌柄长度等达不到标准，所以采收必须适时。采收前 1～2 天喷一次水，采时应小心细致，并轻拿轻放。采收天数为 4～6 天。

食用菌的采收潮数由栽培者根据实际情况自行决定，由于第一潮菇采收后至第二潮菇生长有一段生长过程，而且第二潮菇产量较低，商品菇品质较差，工厂化生产中为提高栽培房的利用率，常只采收一潮菇。

当库房内菇不多时（一般不超过 2t），安排清库。清库需综合考虑库房内菇高度、数量、空库数量，以及进库安排等。当库房内菇量较大且空库数量足够进库安排时，则尽量延迟清库，以提高菇质量和产量。清库时间控制在 1 天以内，且没有大量短菇时清库。清库前 1～2 天根据情况适当升温，保证按时清库。

采收后的栽培瓶通过流水线送回挖瓶车间。采收后的栽培袋直接运输到工厂外。清库后但未下架的库房，温度设定在 5～6℃，新风常开，以减小库房湿度和减少杂菌滋生。

清库后库房温度重新设定回入库温度，风机频率 55Hz，新风常开，以尽快使库房干燥；清库后库房墙壁、床架等没有菇渣残留，注意加湿器及蒸发器也需清理。将废料运出进行二次利用，如作有机肥料、发酵饲料，火力发电等。

采收的食用菌，其产品质量安全应符合《食品安全国家标准 食用菌及其制品》（GB 7096—2014）的要求。

1. 清洁采收注意事项

（1）子实体存放容器及采收工具应消毒、清洗干净。

（2）采收人员应做好个人卫生工作，清洁手部，戴工作帽以防止头发掉落。

（3）采收时应轻拿轻放，防止机械损伤。

（4）采收的子实体应分级存放，小心搬运至包装车间。

（5）受病虫害感染的病菇应单独采收处理，防止交叉污染。

2. 采收原则

以金针菇为例。当菇体从根部生长到菇帽 150～170mm，菇帽直径在 8～10mm 时，可进行采收。鲜金针菇产品应符合 GB 7096—2014 的要求。包装应符合《绿色食品 包装通用准则》（NY/T 658—2015）的要求。包装塑料袋应符合《食品安全国家标准 食品接触用塑料材料及制品》（GB 4806.7—2016）的要求。预包装标签应符合《预包装食品标签通则》（GB 7718—2019）的要求。

（1）精准掌握最佳采收期。各种食用菌基本上是在七八成熟时采收，此时外观优美，口感好。以香菇为例：七八成熟时，菌膜已破，菌盖未完全展开，尚有少许内卷，形成"铜锣边"，菌褶已全部伸长并由白色转为黄褐色或深褐色。

（2）注重食用菌采摘技术。凡是有菌柄的食用菌，如香菇、蘑菇、草菇、姬松茸等，采收时必须根据"采大留小"的原则采收。采摘时，大拇指和食指捏紧菌柄的基部，先左右旋转，再轻轻地向上拔起，注意不要碰伤小菇蕾。所有胶质体的食用菌，如银耳、黑木耳、毛木耳，以及丛生状的菌类，如平菇、凤尾菇、金针菇等，注意保持朵形完整。

（3）采前停水控湿。保鲜出口或脱水干燥的食用菌，必须排湿或脱水。如果采前喷水，则子实体含水量过高，加工时菌褶会变褐色，若脱水烘干，菌褶会变黑，其产品不符合出口要求。鲜销产品若水分过高，也容易感染杂菌而腐烂。因此，采收前停止喷水，让子实体保持正常的水分，这样采收后的子实体不仅外观美，且商品价值高。

（4）用适当的容器装盛采下的鲜菇。刚采摘的鲜菇宜用小筐或篮子装盛，并要轻取轻放，保持子实体的完整，防止互相挤压损坏、影响品质。特别不宜采用麻袋、木箱等盛器，以免造成外观损伤或霉烂。采下的鲜菇要按菇体大小、朵形好坏进行分类，然后分别装入盛器内，以便分等级加工。

3. 食用菌质量评价指标

食用菌质量评价指标包括菌盖大小、颜色、均匀性、干湿程度、凹陷及出水与否；菇身小芽多少（外围及撕开后）、菇型胖或瘦、根部外围有无枯黄死芽；菌柄粗细、硬度、整齐度及整体的长度等；根部紧实性、黏性、萎缩与否；切根后根部颜色、水润程度、孔隙大小（密度）、毛糙与否；菇体整体活力，耐放性等；包装清洁程度（有无培养基及菇渣等杂物）等。

4. 鲜菇的包装处理

根据食用菌鲜菇产品标准要求，对鲜菇根柄进行切除。切根用的刀具、容器应清洁干净，操作工应做好个人卫生工作，垃圾应及时清除干净。白蘑菇在漂洗过程中允许使用食用级焦亚硫酸钠进行护色，但必须按照其正确的使用方法进行操作，不得超量使用。禁止使用荧光粉、漂白剂等有毒有害物质。

注意事项如下：

（1）包装车间应符合国家有关卫生防疫标准；

（2）包装袋、包装箱应符合国家相关卫生标准；

（3）保持包装车间环境卫生、包装工个人卫生及操作用具清洁卫生；

（4）按质按量分级分类包装，不以次充好、不短斤少两；

（5）正确使用标志，注明产品名称、执行标准、批号、日期等相关内容；

（6）对于无公害农产品、绿色食品、有机产品必须按各自标识标明，不可混淆；

（7）做好产品包装登记、统计及质量验收工作，方可入贮存库或销售。

5. 鲜菇贮存

销售的食用菌，应选择干燥、避光、洁净处贮藏，贮存温度为 0～5℃，不可与有毒有害物品及鲜活动物一起存放。在工厂贮存库的贮存时间为 3～5 天。若采摘的食用菌不能及时销售，应及时入冷藏室低温（2～5℃）保存，或者烘干。目前，食用菌保鲜方法有保鲜膜包装、抽真空包装及抽气半真空包装，其中抽气半真空包装，菇体变形小，保质期长，在低于 3℃ 条件下能保存 20～25 天，是目前为止最好的保鲜方法。

注意事项如下：

（1）保持鲜菇保鲜库清洁卫生，定期采用臭氧进行消毒处理；

（2）保鲜库要有专人负责保养维修，保持保鲜库良好的工作状态；

（3）保鲜库的管理员做好出入库登记工作，鲜菇应先进者先出；

（4）超过保鲜期的变质产品，不得上市销售，应及时清理出库。

6. 运输

运输和贮存应符合《绿色食品 贮藏运输准则》（NY/T 1056—2006）的要求。鲜菇的短途运输可采用有固定车厢的车辆，能够防日晒、防雨淋即可；长途运输应采用冷链运输车，若无此类运输车，宜采用内置冰块的泡沫塑料箱包装，利于保持鲜菇品质。运输车辆必须保持清洁卫生；装载产品时应轻拿轻放，包装箱应紧挨错位堆放，按包装箱承受的强度确定堆放高度；选择平坦道路，平稳运输，尽量减少颠簸；到达目的地应及时卸货，轻搬轻放，与客户做好交接。

7. 销售

鲜菇销售标识应符合 GB 7718—2019 的要求。鲜菇产品在销售过程中，不可非法使用非食用、有毒有害物质或滥用添加剂；注册国家商标，进行品牌化销售；做好鲜菇销售台账；建立质量追溯制度，一旦出现质量安全问题，应依法追究相应责任。

5.4 食用菌采后加工

工厂化生产的食用菌，以鲜菇的风味最佳，一般以鲜食为主，但鲜菇保存时间短，商品质量会随时间的延长而降低，同时给销售带来困难。加之，食用菌风味独特，营养丰富，口感较好，具有较高的食用及药用价值，积极开发其食用及药用新产品，对促进食用菌产业的发展、改善人体健康具有重要意义。因此，需要对食用菌进行加工。

食用菌初加工是贮藏和运输所必需的前期工作。新鲜食用菌易腐烂变质，即使冷藏保鲜，货架期也非常短，而且鲜品在运输过程中易破损。因此除双孢菇、香菇、金针菇、平菇、凤尾菇等少部分适宜鲜食的食用菌直接销售鲜菇外，大部分食用菌需要进行初加工。食用菌初加工方法有干制、盐渍、罐藏等，初加工后可以延长产品的贮藏期限，方便运输和长期销售，调节淡旺季的市场供应。

食用菌精深加工可以提高产品附加值。食用菌营养丰富，其所含的微量元素还具有多种功效。金针菇、香菇、猴头菇、灵芝、茯苓等所含的多糖是理想的天然免疫增强剂，具有抗癌作用，可以降低肿瘤发生率；灵芝、香菇中含有的皂苷、多酚和黄酮类化合物对降低胆固醇有明显的效果；银耳、黑木耳能够降低胆固醇，调节血脂代谢（易文裕等，2018）。食用菌精深加工可充分发挥食用菌微量元素的效用，大幅提高产品附加值，是发展食用菌产业的内在要求。

5.4.1　脱水

排除食用菌自身携带的水分，使细胞原生质发生变性或失活，使食用菌不再进行分解代谢，使可溶性物质浓度提高到微生物及贮藏害虫不能利用的程度（含水量在 13%），以便产品能长期贮藏，且部分食用菌（如香菇）的干品反而比鲜菇更香，口感更佳。

1. 脱水原理

食用菌中的水分主要分为游离水、结合水和化合水（赵武奇，1994），其中游离水占 60%，容易被脱掉；结合水占 10%，在较高温度时，可以部分脱去；化合水在干燥过程中不能被脱掉。

当所含水分超过平衡水分的菇体与干热空气接触时，水分开始向外界环境和菇表面扩散，直至内外含水量一致时，水分的运动才停止。促使水分蒸发的另一动力是菇体内外的温度差，水分借助温度梯度沿热流反方向迅速由高温区向低温区（即往外）移动而蒸发。

2. 脱水方法

1）自然晒干

在晴朗的天气，将食用菌置于空旷无遮蔽物的地方，摊匀晾晒，及时翻面。天气状况影响晾晒效率，气温在 20℃左右的春秋季，一般需要晾晒 3 天；气温在 35℃左右的夏季，部分个体小的食用菌仅需晾晒 1 天。当然，自然晒干仅适用于子实体较小的蘑菇，如金针菇、香菇、木耳、银耳等。

2）人工脱水

现阶段，食用菌人工脱水的方法主要有烘干和真空干燥两种方式。

烘干主要是将食用菌置于烘箱、烘干机、脱水机或烘房中加热，促进水分散失。烘干的技术难点在于对温度的掌控，温度过高，则容易导致营养成分分解，或者改变食用菌颜色，使之营养价值及商品价值降低；温度过低，则效率降低。

真空干燥是利用真空冷冻干燥机进行干燥的，即在较低的温度（-50～-10℃）下将食用菌冻结成固态，然后在真空（1.3～13Pa）下使其中的水分不经液态直接升华成气态，最终使物料脱水的干燥技术（李佳昕，2020）。

3. 常见食用菌的脱水技术

1）香菇的烘烤技术

（1）鲜菇处理：采收前一天停止喷水；摘下香菇后，清除菌柄下泥土或夹杂物；剔除畸形菇、残缺菇、病害菇；烘烤前在阳光下暴晒数小时，既能节约能源，又可提高营养价值。

（2）鲜菇摆放：薄的、小的、较干的鲜菇置于热源远处、高处，厚的、大的、较湿的鲜菇置于热源近处、低处。

（3）脱水机或烘房预热：鲜菇进脱水机或烘房之前，脱水机或烘房预热达40～45℃；大量鲜菇进脱水机或烘房后，温度降到30～35℃。

（4）烘烤中调换位置：在烘烤过程中，应调换烤筛的上下、左右、前后、里外的位置。

（5）烘烤条件的控制：烘烤温度一般从35℃开始，每小时增温1～2℃，12h后水分散发50%，此后每小时增温2～3℃，温度升至60～65℃，水分散发70%以上，温度降至50～55℃，继续烘2～3h。

（6）分级包装、贮藏：按商品级别标准进行分级，及时用塑料袋密封，放在阴凉、干燥的室内贮藏。

2）黑木耳的脱水技术

（1）晒干：适合于晴朗天气，选择通风透光良好的场地搭载晒架，并铺上竹帘或晒席，将已采收的木耳，剔去渣质、杂物等，薄薄地撒摊在晒席上，在烈日下，暴晒1～2天，用手轻轻翻动。

（2）烘干：用烘干房或烘干机均可，烘干时将木耳均匀地排放在烤筛上，排放厚度不超过6～8cm，烘烤温度先低后高。

（3）分级：烘干后要进行选别分级，并及时包装，包装常用无毒塑料袋。

3）银耳的脱水技术

（1）晒干：银耳采收后，先在清水中漂洗干净，再置于通风透光性好的场地上暴晒，银耳稍收水后，结合翻耳来修剪耳根。

（2）烘干：用热风干燥银耳时，将处理好的鲜耳排放在烤筛中，放入烘房烤架上进行烘烤。烘烤初期，温度以 40℃ 左右为宜，用鼓风机送风排湿，当种耳六七成干时，将温度升高到 55℃ 左右，待种耳接近干燥，耳根尚未干透时，再将温度下降到 40℃ 左右，直至烘干。

4）金针菇的脱水技术

（1）选用菌柄长 20cm 左右，未开伞、色浅、鲜嫩的金针菇，去除菇脚及杂质后，整齐地排入蒸笼内，蒸 10min 后取出，均匀摆放在烤筛中，放到烤架上进行烘烤，烘烤初期温度不宜过高，以 40℃ 左右为宜，待菇体水分减少至半干时，小心地翻动菇体，以免粘贴到烤筛上，然后逐渐增高温度，最高升到 55℃，直至烘干。烘烤过程中，用鼓风机送风排潮。

（2）将烘干的金针菇整齐地捆成小把，装入塑料食品袋中，密封贮存，食用时用开水泡发，仍不减原有风味。

5）草菇的脱水技术

用竹片刀或不锈钢刀将草菇切成相连的两半，切口朝下排列在烤筛上。烘烤开始时温度控制在 45℃ 左右，2h 后升高到 50℃，七八成干时再升到 60℃，直至烤干。该法烤出的草菇干、色泽白、香味浓。

4. 贮藏方式

1）密封贮藏

食用菌干燥后因其极易在空气中吸湿、回潮，所以应该待热气散后，立即用塑料袋密封保存。贮藏干菇仓库应该干燥、清洁、尽可能低温，用时必须做好防虫、防鼠工作。

2）罐藏

食用菌罐藏就是将干菇装入镀锡板罐、玻璃罐或其他包装容器中，经密封杀菌，使罐内食品与外界隔绝而不再被微生物污染，同时又使罐内绝大部分微生物（即能在罐内环境生长的腐败菌和致病菌）灭死并使其酶失活，从而消除引起蘑菇腐烂的主要原因，获得在室温下长期贮存的保藏方法。这种密封在容器中并经杀菌而在室温下能够较长时间保存的食品称为罐藏食品，俗称罐头。蘑菇罐藏的工艺流程为：选菇→护色、漂洗→预煮、冷却→分级、修剪→装罐→排气、密封→灭菌、冷却→检验入库。

5.4.2　产品加工

1. 食用菌汤料

食用菌汤料是制作食品时添加风味的物质，其加工方式主要包括两种：一种是将食用菌子实体粉碎，与其他调味品混匀，制成粉末状汤料包；另一种是将食用菌子实体浸提，获得浸提液，并过滤、浓缩，干燥浸提液，与其他调味料按一定比例混合制成。

鲜菇浓汤的制备流程为：鲜菇→冷冻→冻藏→粉碎→解冻→脱腥→高压熬煮→过滤→浓缩→鲜菇浓汤。

2. 食用菌果脯

食用菌果脯是通过一定的工艺将新鲜食用菌通过一定的技术手段加工成的如芒果干、蜜枣等耐贮存、口感好、味道佳的即食食品。

一般的加工步骤如下。

（1）选料与处理　选菇形完整、不开伞、无机械损伤的食用菌，清洗干净后，置于 0.05%焦亚硫酸钠溶液中，使之淹没菇体以达到护色的目的。

（2）切片　将食用菌切成 40mm×10mm 左右、大小一致的薄片，迅速置于焦亚硫酸钠溶液中。整个过程应迅速，避免因在空气中停留时间过长而造成氧化褐变。

（3）糖煮　在锅内配制 60%～65%糖浆，并加入糖浆量 0.03%的焦亚硫酸钠。把食用菌片按照 1/3 糖浆的量加入锅内，加热到 80～85℃后保持 40min。整个过程控制温度不宜太高，当食用菌含糖量达 40%以上，即可停止糖煮。

（4）腌渍　将糖煮的食用菌浸入高浓度糖浆中进一步腌渍。糖浆浓度控制在70%，浸渍 20～24h，使食用菌含糖量达 55%以上。

（5）干燥　如制成湿态蜜饯，腌渍后取出，晾干，即可包装为成品。干态蜜饯则需要继续烘干，在 65～70℃条件下干燥 20～24h，直至表面不粘手为止，此时含糖量 55%～65%。

（6）质量指标　产品色泽白中带淡黄色，具有蘑菇正常的滋味与气味。形状大小均匀，含糖饱满，不返砂，不流糖，质地致密，不得检出致病菌，总糖含量55%～65%，含水量 15%～18%。

3. 食用菌饮料

食用菌饮料是利用食用菌加工成的饮料，可分为两类，一类是单一食用菌作为原料进行加工而成的食用菌饮料；另一类是食用菌与其他材料一起加工制作而成的食用菌复合饮料。食用菌复合饮料主要是食用菌与大豆作为原料加工得到的饮料，部分是用食用菌与水果、蔬菜一起加工，使饮料具有食用菌的多糖和蛋白质及水果的维生素和纤维素等营养成分（刘士旺，2009）。食用菌饮料大多以银耳为生产原料，将银耳的原汁和果蔬汁进行一定比例的混合，然后进行均质地杂菌处理（张志军和刘建华，2004）。

4. 食用菌药酒

食用菌药酒，即用食用菌浸泡的酒，是利用酒精的溶解性，将具有药用价值的食用菌中的有效成分提取出来，使之容易被人体吸收。例如，灵芝酒剂，是将灵芝粉碎，用食用酒精浸提，加工制成 25°左右的酒剂。

5. 食用菌茶

食用菌茶是以食用菌作为原材料制成的茶，能够直接冲泡、饮用。一般选取具有保健功能的食用菌，如灵芝、蛹虫草等，沸水能够将食用菌中的大部分有效成分提取出来。食用菌茶的做法非常简便，只需干燥即可，小的食用菌如蛹虫草，直接装罐，即可制成食用菌茶；大的食用菌，如灵芝，需切片后罐装。

食用菌茶不仅可以以食用菌的子实体为原料，还可以利用食用菌基质做原料。食用菌基质中有大量的菌丝体，其营养成分与子实体相同，且食用菌生长发育并不能完全利用所有的营养物质，发酵后余下的成分更容易被人体吸收利用。将蛹虫草接种至决明子、荞麦等具有保健作用的基质中，待菌丝爬满基质后取出，干燥，即可制成食用菌茶。

6. 食用菌药物

食用菌具有抗肿瘤、提高免疫力、抗病毒、预防和治疗心血管疾病、保肝解毒、健胃养胃等多种功效（陈越渠，2007）。利用食用菌制成的保健品和药物较多，主要以浸膏、冲剂、胶囊和片剂等形式存在。

1）浸膏的生产工艺

用适宜的溶剂浸出食用菌的有效成分，除去大部分或全部溶剂，再浓缩成膏状制剂。除特殊规定的药物外，浸膏剂每 1g 相当于原药材 2～5g。

2）冲剂的生产工艺

用煎煮法提取食用菌的有效成分，通过离心、过滤等多种方法制备纯化提取液，浓缩干燥，加入糖粉、糊精等辅料，最后造粒。常见的造粒方法有挤出制粒、湿法混合制粒、流化喷雾制粒、干法制粒等。

3）胶囊的生产工艺

将食用菌干粉或粉末状提纯物与其他有效成分混匀后，由机器按固定质量填入空的胶囊壳内密封。

4）片剂的生产工艺

将食用菌干粉或粉末状提纯物与滑石粉、黏合剂等添加物按比例混匀后，装入压片机进行压片。

5.5　菌糠的循环利用

菌糠是使用秸秆、木屑等原料进行食用菌代料栽培，子实体采收后的栽培基质剩余物，主要由菌丝残体及经食用菌酶解，结构发生质变的粗纤维等成分的复合物构成。食用菌的菌糠含有较高的蛋白质和易被动植物吸收的粗纤维等营养成分，且含有大量有机酸等酸性物质，总体呈酸性，用途广泛。

1. 作为其他食用菌栽培原料

在菌糠中加入 20%～30% 的新鲜原料，可重新制成另一种食用菌的栽培基质。菌糠经过食用菌的降解，成分更易于吸收，新加入的原料为食用菌提供后续的原料供应，能够满足对营养要求不高的食用菌的生长需求。

2. 作为农作物栽培基质

双孢菇、皱环球盖菇等覆土栽培的食用菌的菌糠，经过堆制和理化性状调节，可以作为花木、草坪培育基质；金针菇等不覆土栽培的食用菌菌糠，经适当处理，可以作为无土栽培的基质；也可将菌糠按一定比例配方，制成水稻工厂化育秧基质或其他作物育苗基质。

3. 作为有机肥料

食用菌菌糠中的大量营养物质能够被植物直接吸收利用，而且酸性的菌糠在一定程度上能够中和盐碱化土壤的 pH，是一种非常好的有机肥。

栽培双孢菇等的含土菌糠及其他无土菌糠，均可直接作为作物种植基肥使用，但不适宜作为种苗基肥，否则易发生"烧苗"现象。无土的菌糠按照作物营养需求进行配方，适当添加其他营养原料，采用堆制发酵方法，通过多次翻堆和发酵，至腐熟即可成为菌糠有机肥料。

4. 作为动物饲料

菌糠中大部分营养能够被动物吸收利用，将无霉变腐烂的菌糠与玉米粉、青糠、麸皮等精料按比例配制成复合菌糠饲料，可作为猪、牛、兔、鸡、鱼、蚯蚓和地鳖虫等动物饲料。

5. 作为生物质燃料能

菌糠可以直接作为食用菌灭菌用蒸汽锅炉燃料，可节约煤炭 50% 以上。菌糠作为沼气原料，能提高产气率，比猪、牛粪作沼气原料提前 2～3 天产气。其产生的沼气肥可作为蘑菇堆肥，沼气、沼渣可作为有机肥料（Papadaki et al.，2019；

Rezaeian and Pourianfar，2017；Hoa et al.，2015；Pedri et al.，2015；Moonmoon et al.，2010）。

6. 开发深加工产品

1）作为提取激素药物的原料

（1）采用香菇栽培的菌糠可提取制备成黄瓜增产素。

（2）采用无杂菌感染、无虫害的金针菇栽培的菌糠可提取制备成大豆增产素。

（3）采用无霉变、无虫害的干香菇、金针菇栽培的菌糠各半可提取制备成抗烟草病毒药物。

2）作为生产活性炭的原料

以木屑为主料栽培的食用菌，采菇结束后，其菌糠经处理后，可作为活性炭的制造原料。

【思考题】

1. 食用菌工厂化生产之前需要准备哪些物质？
2. 食用菌工厂化生产工艺流程主要包括哪些？
3. 菌包（或栽培瓶）灭菌后为何需要冷却？冷却时需要注意什么？
4. 什么时候进行搔菌？为什么要进行搔菌处理？搔菌方式有几种？
5. 金针菇什么时候采收为宜？为什么？
6. 食用菌产品的保鲜方法有哪些？
7. 食用菌产品的干制技术有几种？各自有何优缺点？
8. 什么是菌糠？食用菌工厂化生产的菌糠能如何利用？

第6章 工厂化食用菌栽培介绍

6.1 红 平 菇

6.1.1 概述

红平菇（又名红侧耳、桃红平菇、桃红平菇、草红平菇等）[*Pleurotus djamor* (Rumph. ex Fr.) Boedijn]，隶属于真菌界担子菌门蘑菇纲蘑菇目侧耳科侧耳属，夏秋季生于泛热带地区阔叶树的枯干上，主要分布在泰国、柬埔寨、越南、斯里兰卡、马来西亚、日本、巴西、墨西哥、中国（福建、江西、广西、四川等）（图力古尔和李玉，2001）。研究发现，红平菇耐高温，适应性强，栽培原料广泛，能在粗放的环境条件下栽培，具有很强的纤维素、木质素降解能力，生物学效率高（刘明广等，2015）。

红平菇菌丝生长快，出菇早，产量高，子实体色泽鲜艳，味道鲜，具蟹味，是一种兼食用和观赏的珍稀蕈菌（吴楠等，2019）。子实体营养丰富，蛋白质含量高，脂肪含量低，纤维素含量达到25%以上，且含多种人体必需的氨基酸、维生素和矿物质，其提取物具有抗癌、抗肿瘤、抑菌和提高机体免疫力等功能（张顺等，2016；Nguyen et al.，2016；Ni，2016；Ge，2015；Wahab et al.，2014；Olufemi et al.，2012；Smiderle et al.，2012；Xu et al.，2012），它含有的锌多糖可有效减轻肝脏和肾脏的损伤（Zhang et al.，2015；Borges et al.，2013）。红平菇产量与生物学效率高（Babu et al.，2012；Jose and Janardhanan，2000），因其生长周期短和异宗结合的特点，在木腐菌遗传和育种中将有更大的作用。

6.1.2 生物学特性

1. 形态结构

红平菇形似平菇，子实体单生、丛生或叠生，其颜色随光线强弱而呈现水红色、粉红色、奶油色，菌盖早期呈勺形或贝壳形，边缘内卷，成熟后逐渐开展成扇形，直径3～14cm，边缘外卷、波状。菌盖背面密布狭长的菌褶，菌褶幼时特别红，后逐渐褪为水红色、奶油色至浅褐色。菌褶与菌盖表皮之间为菌肉，菌肉菌丝有锁状联合结构。有缘囊体，无侧囊体。孢子椭圆形，光滑，（6～10）μm×（4～5）μm，与菌褶同色。菌盖下方为菌柄，菌柄侧生。红平菇菌丝白色或近白色，浓密，气生菌丝较旺盛，在 PDA 平板培养基上生长速度快，平板在 1 周内覆盖，菌落圆整，气生菌丝分布均匀，表面有年轮般的纹理（熊芳等，2011）。

1）菌丝体形态特征

红平菇出菇菌丝为双核菌丝，显微镜下可见到锁状联合结构（熊芳等，2011）。

菌丝特征　生长在顶端的菌丝透明，多数为节状分隔，少数为简单分隔，竹节状分枝或不规则分枝，主枝宽，分枝细，直径 1.5～6.5μm（杨菁等，2013）。气生菌丝像生长新区的菌丝，壁上有小突起的菌丝，类似细锥状的单生的分生孢子梗。基内生菌丝像生长新区的菌丝，多数比顶端的菌丝宽，更加柔软弯曲，内含物丰富，直径 1.5～8.0μm，晶体很多，呈八面体形，（2.0～8.0）μm×（5.0～10.5）μm（池玉杰等，2007）。菌落白色（图 6-1），初为绒毛状，后变为棉絮状，有几分粉状；生长新区均匀，升高的气生菌丝体延伸到生长区的边缘；菌落上方具多条非常显著的环形波纹，每一波纹宽度为 6mm 左右；较老部位的菌落变厚；老时具不规则分布的浅粉色颗粒，与子实体的颜色相似；反面无变化或在两周后略呈微黄色（池玉杰等，2007）。

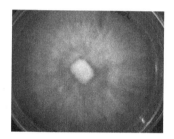

图 6-1　红平菇菌丝生长（彩图请扫封底二维码）

2）子实体形态特征

子实体丛生。菌盖幼时呈勺状或扇状，边缘内卷，红色较深；随着发育成熟，菌盖边缘外翻，波浪状曲折起伏，甚至出现缺裂，形成贝壳状或喇叭状，颜色逐渐褪成桃红色、近白色（王亮，2018）（图 6-2）。

图 6-2　不同生长时期红平菇生长状态（彩图请扫封底二维码）

3）子实体器官结构

红平菇子实体由菌盖和菌柄构成（图6-3），没有菌环和菌托；菌柄侧生，菌褶延生，菌肉较薄，中心厚度0.4～1.0cm；呈淡淡的粉红色，鲜食应选择幼菇，老熟后纤维化严重，组织较粗，口感不佳（熊芳等，2011）。

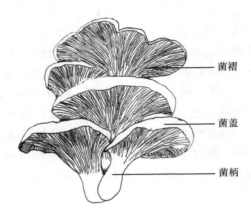

图 6-3　红平菇子实体结构示意图

4）菌盖形态特征

红平菇菌盖呈贝壳状或扇状或喇叭状；最大直径为6～11cm，表面平整，没有鳞片、凸疣、龟裂、纹理、粉末或黏液，成熟后波浪状起伏卷曲；菌褶辐射状排列、无横隔、密集、不等长；菌柄侧生或偏生（熊芳等，2011）（图6-3）。

5）菌柄形态特征

菌柄多为上粗下细，但差异不大，延生的菌褶使菌柄表面呈现出纵向的明显条纹，除此之外，没有其他的附属结构。菌柄组织呈明显的纤维质；韧而不脆；菌柄长度为4.5～8.2cm；长短与栽培环境的空气质量密切相关，空气清新的环境中，菌柄短或几乎没有明显的菌柄，通气不良的环境下，菌柄长（熊芳等，2011）。

6）菌褶特征

红平菇菌褶狭长，宽度为1.38～2.64mm，长度为4.8～8.5cm；表面平整，边缘不齐；显微镜下可看到水渍状的斑驳点。颜色白、浅黄，成熟阶段略带有淡红色（王亮，2018）。

7）孢子特征

红平菇孢子印淡水红色或近白色；孢子椭圆形，表面光滑，显微测量大小为（6～10）μm×（4～5）μm。

2. 生活史

红平菇属于双因子控制四极性异宗结合的食用菌。红平菇的生活史是从担孢子开始的，由担孢子萌发形成单核菌丝，再由单核菌丝融合成为双核菌丝，进而由双核菌丝扭结形成子实体，最后由子实体再产生出新担孢子的整个发育过程（程莉，2007）（图6-4）。红平菇的双核菌丝通过锁状联合不断进行细胞分裂，达到生理成熟后，菌丝扭结形成子实体原基。子实体的分化发育可分成以下几个时期。

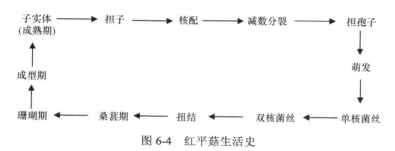

图 6-4　红平菇生活史

1）原基期

菌丝体充分发育成熟后，在适宜的外界条件下，菌丝相互扭结成团，在培养料表面形成无任何组织分化的小凸起。

2）桑葚期

白色小凸起（原基）进一步分化发育，成为一堆白色或浅蓝灰色的小米粒状的菌蕾，形似桑葚，称为桑葚期（孟艳，2011）。

3）珊瑚期

桑葚期后经一定时间，米粒状菌蕾各自逐渐伸长成短杆状。短杆状菌蕾中间膨大成为原始菌柄，此时菌盖尚未分化，整丛菌蕾形如珊瑚，称为珊瑚期。

4）成型期

菌柄逐渐增粗，菌柄顶端分化出粉红色（或粉白色）的球形小菌盖。菌盖开始比菌柄细小，而后迅速向一侧扩大生长，菌盖下方也逐渐分化出菌褶。菌盖形成后，菌柄生长缓慢（盛春鸽，2012）。在这一阶段，大部分小菇蕾停止生长，最后只剩下少数几个继续发育成型。

5）成熟期

菌盖逐渐平展，色泽渐淡，并有孢子开始弹放，此时已达到成熟期，应及时采收。

3. 生长发育必要的营养源及环境条件

1）营养条件

红平菇适应性强，具有很强的纤维素、木质素降解能力，栽培原料广泛，能在粗放的环境条件下栽培。其必要的营养源见如下介绍。

（1）碳源。碳源是红平菇最重要的营养源。和平菇类似，红平菇能利用多种碳源，如单糖、双糖、淀粉、纤维素、半纤维素、木质素及甘油、醇类等。在红平菇栽培中，主要以棉籽壳、稻草、麦秸、玉米芯、木屑和甘蔗渣等作为种植红平菇的碳源。

（2）氮源。红平菇对氮源营养的专一性选择并不严格，一般的有机氮源和无机氮源都可利用。红平菇栽培一般要求营养生长阶段的碳氮比为 30∶1。棉籽壳、甘蔗渣的用量一般为 75%～85%，另加 8%～10% 的米糠或麸皮。

（3）生长素和无机盐。红平菇生长过程中需要少量的矿物质元素，如磷、镁、硫、铁、锌、钾等。钙是某些酶的激活剂，对维持细胞蛋白质的分子结构有一定的作用，还与控制细胞的透性有关。食用菌的钙素来源为各种水溶性的钙盐，在配制培养基时加入 1%～1.5% 的碳酸钙（$CaCO_3$）以调节培养料的酸碱度，同时增加钙离子。有时也可加入少量的过磷酸钙、硫酸镁、磷酸二氢钾等无机盐（赵立伟等，2007）。

在培养基中，增加 Mg^{2+} 和 PO_4^{3-} 的含量，可促进红平菇菌丝生长，也可促进子实体分化。硫酸镁、磷酸二氢钾、过磷酸钙及各种微量元素（如铁、锰、铜、钴、钼等），对红平菇菌丝的生长和子实体的形成也是必需的。若用自来水作培养基，由于水中微量元素的含量已能满足红平菇菌丝生长的需要，一般不用再添加。

2）环境条件

i. 温度

红平菇是一种高温型食用菌，生长所需温度较高，在 15～34℃ 时都能生长，但生长状况不同。在 15～25℃ 时，随温度升高，菌丝生长速度呈上升趋势，15℃ 时生长缓慢；在 25～28℃ 时，菌丝生长最快，菌体苗壮，呈棉絮状布满整个生长区域；当温度在 34℃ 或高于 34℃ 时，菌丝生长速度明显下降，生长减慢。红平菇子实体生长适宜温度为 20～30℃，最适温度为 26～28℃。在一定范围内，温差刺激有利于红平菇子实体的发生及生长。

ii. 湿度

水是子实体的重要组成部分，并且食用菌生长发育所需营养物质也都需溶于水后供菌丝吸收，因此需要合理控制红平菇培养过程中培养料及空气中的湿度。红平菇生长发育所需水分绝大部分来自培养料，培养料含水量要求达 60%～75%。如果含水量过高则影响通气，菌丝难于生长；含水量过低则会影响菌丝体生长及子实体形成（赵立伟等，2007）。

菌丝生长阶段要求培养室的空气相对湿度为 50%～75%。如果空气相对湿度过大，培养料就会吸水，湿度增加，易导致杂菌污染；培养室的空气相对湿度过低，培养料易失水，不利于出菇。红平菇原基分化和子实体发育时，菌丝的代谢活动比营养生长时更旺盛，因此需要比菌丝生长阶段更高的湿度，此时空气相对湿度应控制在 85%～95%。当空气相对湿度低于 70%时，子实体的发育就会受到影响（赵立伟等，2007）。

iii. 光照

红平菇对光照强度和光质的要求因不同生长发育期而不同。红平菇的菌丝体在完全黑暗的情况下长势最好，平均生长速度最快，与自然光和照射光条件下的生长状况差异显著。照射光条件下，生长速度开始时最快，第三天开始，生长速度受限。这是由于照射光源会散发热量，培养箱内温度相应升高，有利于菌丝体生长；但随光照时间延长，温度过高，培养基中水分散失过多，导致菌丝不能正常生长（林标声等，2013）。

相较于黑暗条件，不同的光质光照均能促进红平菇子实体原基的提早出现，绿光和自然光的诱导作用最强；自然光照条件下，原基发育成子实体的数目最多，出菇率最高，且与其他光照条件下出菇率差异显著（罗茂春等，2012）。光照对红平菇的菌柄延长具有一定的抑制作用，但均能使菌盖直径变大，总生物学效益增加（总生物学效益=红平菇子实体总鲜重/培养菌袋干物料重×100%）。白光、自然光照条件下，红平菇菌盖直径在 6～7cm 时，呈现浅红、粉红等鲜艳颜色；其他光质条件下，菌盖直径达到 8cm 以上，颜色开始变浅，为粉白色。不同光质条件下，菇整齐度不一，绿光整齐度差，黄光、红光、自然光整齐度较好。白光、自然光虽不如其他光质处理下总生物学效益高，但具有原基出现时间早，原基、子实体数目多，成菇率高，菌柄长度、菌盖直径合适，外观整齐一致、颜色鲜艳等优点，是红平菇生长较优的两个光质条件（林标声等，2013）。

光照亮度对红平菇子实体生长发育影响较大。相较于黑暗条件，较强的光照（15W 和 40W）能使红平菇呈现出较鲜艳的颜色，总生物学效益也较高。但随着光照亮度继续增加（60W 和 100W），红平菇子实体颜色又开始变浅，总生物学效益也下降。过强光照使菌袋温度上升过高，培养基水分蒸发过快，影响子实体生长发育。故红平菇三级培养的较优条件为：散射光，光照强度为 1020lx，采用昼夜温差较大的温度（白天恒温 26℃，夜晚为室温）（林标声等，2013）。

因此，红平菇菌丝体生长发育阶段需置于黑暗条件下，子实体生长发育阶段置于白光和自然光照下。在实际生产中，红平菇子实体生长发育最优光照条件为40W 散射白光，每天光照 8h，光照强度 800～1500lx，即能满足红平菇子实体的生长发育（林标声等，2013）。

iv. 空气

红平菇是好氧菌，生长需要大量氧气。但其菌丝对 CO_2 不敏感，菌丝可以在半厌氧条件下生长，但必须保证 O_2 的供应，否则菌丝生长会受到影响。在子实体形成和发育阶段，需要通气良好，当缺氧和 CO_2 浓度高时，不能形成子实体，已形成的子实体也会畸变或死亡。因此，红平菇菌丝及子实体生长发育阶段，一定要保证培养环境通风良好，保证氧气充足的同时，控制 CO_2 的浓度在 0.1% 以内（王玉华和苏贵平，2001）。

v. 酸碱度

红平菇菌丝在 pH 为 4～9 时均能生长，但以 pH 为 6～7 时最佳，菌丝粗壮、洁白、浓密，长势强，菌丝生长最快，菌体绒毛状、棉絮状、羊毛状，生长旺盛。当 pH 超过 7 时，菌丝生长速度明显下降并趋于停止（李明等，1995）。当 pH 降至 4 以下时，菌丝生长也会受到明显抑制。因此，红平菇培养基的最适 pH 为 6～7，子实体发育适宜的 pH 为 5.5～6.0。由于菌丝生长发育过程中会分泌有机酸，降低培养基的 pH，因此，子实体发育阶段不需要人工调节酸碱度。

6.1.3 工厂化栽培技术

1. 红平菇生产工艺流程

原料采购、预处理→原料配制→装瓶→灭菌→接种→发菌培养→搔菌→出菇管理→采收→挖瓶→分级包装。

2. 设施与设备

红平菇工厂化栽培采用工业化管理模式，在专门设计的保温库房内，利用环境控制系统（制冷、光照、加湿及通风等设备），与自然季节气候变化相抗衡，创造出所栽培菌类适合的生长环境，从而进行规模化、周年化连续生产的栽培模式（图 6-5）。

图 6-5　红平菇工厂化栽培生产图（彩图请扫封底二维码）

1）设施

红平菇工厂化生产要用标准化厂房和标准化生产线。根据红平菇的工厂化生产工艺，红平菇工厂需包括搅拌室、装瓶操作室、灭菌室、冷却室、培养室、搔菌室、生育室、包装室、挖瓶室和冷藏室及垃圾回收处理室等（黄建春等，2003）（图 6-6），具体参见第 4 章 4.1.2 节。

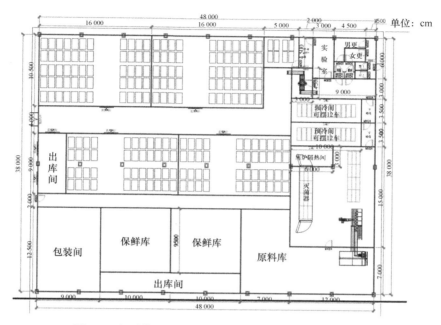

图 6-6　红平菇工厂部分平面图（彩图请扫封底二维码）

2）机械设备

红平菇工厂化生产各个工艺阶段需要不同的生产设备。而生产设备的型号规格配备根据生产规模而定。红平菇工厂化生产需配备的设备主要有搅拌机、送料带、装瓶机、灭菌釜、自动接种机、搔菌机、加湿器和挖瓶机等，详见第 4 章 4.2 节。

3. 栽培管理

1）培养料的配制

用于红平菇工厂化生产的原料主要有木屑、棉籽壳和玉米芯，这些原料不仅来源广泛，营养丰富，而且价格低廉，可实现资源的循环利用（范冬雨等，2019）。红平菇生产过程中除需要碳源外，还需要氮源，尤其是其工厂化的生产周期短（Springer et al.，2003；Sanderson and Reed，2000），产量高，对氮源的要求更高，通常生产上用作栽培红平菇的氮源原料有米糠、麦麸、玉米粉和豆腐渣等。常用于栽培的还有石灰粉、石膏粉、过磷酸钙等辅料。红平菇可以选择的栽培原料很多，应根据工厂所在地各类作物的种植情况筛选栽培基质，如东北地区，玉米的栽培面积较大，玉米芯、玉米粉、秸秆等原料产量巨大，可以选择玉米芯作为栽培主料。

在工厂化生产中，红平菇培养料含水量以 60%～75%为宜。为确保生产中含水量适宜，通常在培养料配制过程中定时定量加水，并用红外线水分测定仪监测培养料的含水量。

红平菇喜偏酸环境，最适 pH 为 6.0～7.0。由于培养料在灭菌后 pH 有所下降，加上培养过程中食用菌新陈代谢产生各种有机酸，也会使 pH 降低。故在配制培养料时，应将 pH 适当调高些，常调至 7.0 以上。

红平菇培养料的碳氮比为（20～40）:1，一般以 30:1 为适宜。由于所用原料的营养成分种类及含量不尽相同，故工厂化生产中的原料配比也不尽相同，应根据实际的用料情况进行科学合理配比。

红平菇工厂化生产培养料配方为：木屑 78%、米糠 20%、石膏粉 1%、蔗糖 1%，含水量 60%～75%。

2）搅拌

按照标准的搅拌工序进行搅拌，通常为干搅 15min→边加水边搅拌 30min→湿搅（6～9 月 45min，其他月份 60min）→出料（搅拌总时间<2.5h）。

装瓶由装瓶机组自动装料，装料松紧度均匀一致，转料高度以瓶肩至瓶口 1/2 处为宜，装料后压实料面并打接种孔，盖好瓶盖。红平菇工厂化栽培常选用 1100ml 的培养瓶。

3）灭菌

灭菌时间设为 2h，待锅内温度降至 80℃以后，由后门快速搬出和急速降温。

4）接种

培养料温度降到 20℃以下后，将料瓶搬入接种室，用自动接种机接种。必须仔细检查使用的菌种是否有杂菌污染及生长不良，确保所使用的菌种质量及种性稳定。菌种使用前应清洗、消毒瓶外表面，然后无菌操作去除上表面及接种孔里的老菌块。接种人员更换清洗、消毒过的衣、帽、鞋，戴口罩，通过风淋进入接种室。接种前消毒接种机接触菌种的部件，保持接种室空气洁净。固体栽培工艺中，菌种的接种需定量，每瓶原种接种 44～50 瓶栽培料，接种量过多，造成菌种浪费，并影响菌种瓶内的通风换气；接种量过少，料面菌种封面慢，易引起污染。

目前，红平菇生产以液体菌种为主。液体菌种较固体菌种发菌快，通常只需 6～7 天的培养期。用液体菌种接种，要比使用固体菌种发菌快 10 天左右，因为液体菌种流动性好，发菌点多，分布均匀，发满菌瓶所需的时间也就大大缩短。另外，用固体菌种接种后，菌丝从上向下延伸，上、下部菌龄要相差 1 个月以上，而液体菌种发菌点多，发菌时间短，菌龄相差不大。

红平菇工厂化栽培接种过程注意事项如下。

（1）接种室墙壁构造平滑化、易于清扫，去除木质、纸张等可能繁殖杂菌之物，万级净化，室内温度不超过 13℃，湿度不大于 80%，正压。

（2）接种料温偏低、接种量少等，都会导致菌丝生长偏慢。

（3）液体栽培的接种量为（35±3）ml/瓶。

（4）液体菌种喷洒成圆锥形，均匀喷洒至整个料面，菌液能通过孔径流至瓶底。

5）发菌培养

接种完成后，将栽培瓶由机械手整齐摆放于塑料栈板上（10 层，每板 40 筐），不得用手触碰栽培瓶，运输到培养室指定库位进行发菌培养，同一天接种的栽培瓶不能相邻摆放（间隔 3 天以上）。由于发菌过程中，菌丝生长进行呼吸会产生大量的二氧化碳及热量，故应保持培养室内良好的通排风，比较合理的堆放密度为 450～500 瓶/m²。堆放高度为 12～15 层，每区域留通风道。正常情况下，接种后 10～15 天，菌丝可伸入培养基 20～25mm。如果发菌顺利，接种后 20～25 天，菌丝可覆盖整个料面。此阶段要求挑出杂菌，并将发菌未满瓶的菌瓶排在一起继续发菌（图 6-7）。

图 6-7　红平菇菌丝培养（彩图请扫封底二维码）

由于发菌初期及后期菌丝生长呼吸所产生的热量较少，而发菌中期菌丝生长旺盛，发热量大，如不加以通风、及时散热，菌丝会生长缓慢甚至停止，菌丝会老化等，最终不出菇或出菇质量差。故培养室温度设定应分阶段调整。

i. 初期培养（10 万级净化）：区别料温、瓶间温度、空间温度

"培养室一"放置接种后 1～6 天的栽培瓶。室温 21～22℃，瓶间温度 22～24℃；相对湿度控制在 60%～70%，不得大于 80% 或低于 50%；CO_2 浓度控制在 1000～2000mg/L；黑暗条件下培养；走菌达到 2cm 左右（瓶颈位置），移库，移入后段继续培养。

ii. 后期培养（30 万级净化）：区别料温、瓶间温度、空间温度

"培养室二和三"放置培养时间在 12 天的栽培瓶；室温 16～18℃，瓶间温度 20～21.5℃；湿度控制在 60%～70%（保湿）；CO_2 浓度控制在 2000～3000mg/L；黑暗条件下培养。发菌中、后期，随着菌丝呼吸旺盛，水分消耗增加，需相应提高空气湿度。

6）搔菌工艺

红平菇菌丝发满后可以进行搔菌。搔菌过早，菌丝发育未成熟，原基形成期延长，分化原基少；搔菌过迟，营养消耗多导致菌丝活性降低，原基形成少，产量低。掌握正确的搔菌时间，有利于提高产量和质量。红平菇采用平搔法，即搔去表面 5～6mm 的老菌种及料表层老菌丝，然后注入 8～10ml 的水。注水目的是补充料面水分，增加原基形成数量，但搔菌后菌丝受伤，抵抗力较弱，注水后易引起污染，故注水操作时要保持水的洁净。搔菌前要先挑出被杂菌污染及生长不良、未长满的栽培瓶，并对搔菌刀进行清洁和消毒，以免搔菌刀刃带菌，造成交叉感染。

搔菌后将菌种通过流水线输送至生育室出菇，工厂化生产以床架式栽培为主，生育室常设置床架层数为 5～7 层，将栽培瓶整齐地摆放在生育室床架上。摆放过于靠近床架里侧会影响后期的光照及风抑制，同时也会受到相对较大的新风、库内风影响，可能导致生长缓慢、出芽差、颜色不均匀等问题。将搔菌搔掉的培养料从沉淀池内捞起沥干水分，由外部车辆运出厂外。

7）出菇管理

菌丝生理成熟后，需要一定的昼夜温差刺激，诱导红平菇原基形成。红平菇原基形成的温度低于菌丝培养的温度；原基分化期，生育室内温度一般控制在 24～26.5℃，湿度控制在 90%～95%。红平菇原基分化阶段不需光照。生育室二氧化碳浓度通过控制排风时间及通风量来控制，一般需减少通风量。连续处理 4 天，即可整齐现蕾。

原基形成 2～3 天属于幼蕾阶段，此时，原基抗逆性较弱，不能大通风，否则菇体失水过快，影响发育。为确保菇蕾成活，温度需控制在 22.5～23.5℃，湿度为 90%～95%，CO_2 浓度为 250～550mg/L，光照强度 800～1500lx。稳定环境条件下，能很大程度地避免菇蕾萎缩死亡，提高成菇率。为此，菌盖必须充分发育

后才能进入抑制管理。菇蕾出现 2～3 天后，当肉眼能见到菌柄长 3～5mm、菌盖直径 2mm 时，把菌瓶移到抑制室，采用低温、弱风、间歇式光照等抑制措施，促使菇蕾长得整齐，粗壮。

后期调整环境条件，为使菇肉紧实致密，菇形圆正，提高单产，确保优质高产，温度宜控制在 26～28℃，湿度为 55%～65%，CO_2 浓度为 300～650mg/L，光照 10h。当菇蕾正常形成并生长到菇盖直径 1.5cm，适应环境能力增强时，将床架里外栽培筐调换位置并将筐旋转 180°，使整个库房内的菇生长更均匀（图 6-8）。

图 6-8　红平菇生长发育过程（彩图请扫封底二维码）

8）采收

红平菇从菇蕾出现到采收需要 5～7 天。此时菌盖平展，边缘略变薄，颜色稍变浅。用利刀沿培养基表面切下，将袋口合上，加强管理，15～20 天后可出第二潮菇，共可采 4～5 潮，生物学效率可达 100% 以上。由于第一潮菇采收后至第二潮菇生长有一段生长过程，且第二潮菇产量较低，品质较差，因此，工厂化生产过程中为提高栽培房的利用率，常只采收一潮菇。

采收前 1～2 天喷一次水，采收天数为 4～6 天。采收的红平菇菌柄长 3～5cm，菌盖直径 7～10cm。采收时，一手握住菌瓶，一手轻轻把菇拔起，平齐地放入筐内，要防止装得过多，破坏其形态，影响价格。未达到采收标准的较嫩的红平菇，应继续培养，待七八分成熟后再采。采收后的子实体按照等级标准进行分级，然后计量包装，供应市场。

当库房内菇不多（一般不超 2t）时，安排清库。清库需综合考虑库房内菇高度、数量、空库数量，以及进库安排等。当库房内菇量较大且空库数量足够进库安排时，则尽量延迟清库，以提高菇质量和产量。清库时间控制在 1 天以内，且没有大量短菇时清库。清库前 1~2 天根据情况适当升温，保证按时清库。

9）采后处理

采收后的栽培瓶通过流水线送回挖瓶车间挖瓶。清库后但未下架的库房，温度设定为 5~6℃，新风常开，以减小库房湿度和杂菌滋生。清库后，库房温度重新设定回入库温度，风机频率 55Hz，新风常开，以尽快使库房干燥。清库后的库房墙壁、床架等应没有菇渣残留，注意加湿器及蒸发器也需清理。

采收结束后，栽培瓶通过流水线进入挖瓶车间挖瓶室（气压一般在 0.6~0.7MPa），由挖瓶机将废料挖出，菌瓶重复用于生产。将废料运出进行二次利用，如作有机肥料、发酵饲料，火力发电或加入培养基质中。

10）包装

工厂化生产的红平菇，以鲜菇的风味最佳，一般以鲜食为主。通常用保鲜膜封住采收筐，置于冷藏室低温 2~5℃保存，可存放 7~10 天。

6.2 金 针 菇

6.2.1 概述

金针菇（又名毛柄金钱菌、毛柄小火菇、构菌、朴菇、冬菇等）[*Flammulina filiformis* (Z. W. Ge, X. B. Liu & Zhu L. Yang) P. M. Wang, Y. C. Dai, E. Horak & Zhu L. Yang]，隶属于真菌界担子菌门蘑菇纲蘑菇目泡头菌科小火焰菌属。因其菌柄细长，似金针菜，故称金针菇。金针菇菌柄脆嫩，口味鲜美，营养丰富，兼具保健功能（王晓敏等，2019）。据测定，每 100g 鲜菇中含蛋白质 2.72g、脂肪 0.13g、糖类 5.45g、粗纤维达 1.77g、铁 0.22mg、钙 0.097mg、磷 1.48mg、钠 0.22mg、镁 0.31mg、钾 3.7mg、维生素 B_1 0.29mg、维生素 B_2 0.21mg、维生素 C 2.27mg（王晓敏等，2019）。金针菇的氨基酸含量非常高，每 100g 干菇中所含氨基酸的总量达 20.9g，其中人体所需的 8 种氨基酸为氨基酸总量的 44.5%，高于一般菇类，尤其是赖氨酸和精氨酸的含量特别高，分别达 1.02g 和 1.23g。赖氨酸具有促进儿童智力发育的功能，故金针菇被称为"益智菇"（康林芝等，2013）。

金针菇是我国最早进行人工栽培的食用菌之一，有关的栽培记载最早见于唐代。我国栽培金针菇虽历史悠久，但真正发展成为商品只有 20 年左右的时间。日本于 20 世纪 70 年代建立了瓶栽食用菌的工厂化生产模式，从装瓶、接种到搔菌、挖瓶均采用了机械化操作手段，对菇类生长环境进行人工控制，实现了周年化生产（黄毅，2009）。80 年代末，韩国等也相继引进了日本食用菌工厂化生产模式。目前，在日本和韩国有数百家金针菇工厂化生产厂，生产规模不断扩大，由最早的日产几百千克发展到了日产 20t。90 年代初，我国广东番禺建立了第一家台资瓶栽金针菇工厂，和昌、冠荣、长寿等台资公司相继在北京生产。90 年代末，上海浦东天厨菇业有限公司率先建成了日产 6t 的金针菇工厂化生产菇房及机械化生产线。近十年来，我国的金针菇生产，以先进的生产企业作为参照，集日本、韩国的设备、品种和栽培技术于一体，迅速实现了工厂化大规模设施栽培（唐木田郁夫和王建兵，2018）。金针菇生产从培养料搅拌、装瓶、接种到搔菌、挖瓶，全部实现机械化操作。发菌培养及出菇环境采用自动化控制，实现了金针菇工厂化、周年化生产，生产周期为 55～60 天（黄毅，2009）。

现阶段，金针菇有两大类：白色金针菇和黄色金针菇。白色金针菇产量高，但菌柄细、粘连，口感较差，且加工时菌柄易破裂；黄色金针菇菌柄粗壮、松散、脆嫩，适宜产品加工，产品质量优，但产量不高。目前生产上多用白色金针菇，白色金针菇产量占我国金针菇总产量的 90%，黄色金针菇产量占 10%（黄毅，2009）。

6.2.2　生物学特性

1. 形态结构

金针菇子实体丛生（图 6-9），菌盖幼小时呈球形至半球形，逐渐展开后呈扁平形，表面有胶质，湿时黏滑，干燥时有光泽。金针菇按子实体的色泽可分为黄色品系、浅黄色品系和白色品系。黄色品系菌盖金黄色，绒毛多，子实体见光易变色；浅黄色品系菌盖淡黄色，菌柄白色或基部略带淡黄色，绒毛少或无；白色品系菌盖、菌柄纯白色，绒毛少或无（郭美英，2000）。金针菇子实体颜色受一对等位基因控制，黄色为显性性状，白色为隐性性状，这对等位基因与不亲和性因子不连锁（谢宝贵等，2004）。自然条件下菌盖直径 1～7cm，菌肉白色，中央厚，边缘薄。菌柄圆柱形，中空，等粗或上方稍细，上部色浅，下部色深并具同色绒毛，中心绵软，后变空。栽培品种在适宜环境条件下，商品菇菌盖直径多为 0.7～1.2cm，菌柄长 10～16cm。担孢子在显微镜下无色，椭圆形或卵形，平滑，大小为（7～11）μm×（3～4）μm，孢子印白色。

2. 生活史

金针菇属四极性异宗结合菌，其生活史分为有性世代和无性世代。有性世代产生担孢子，成熟的子实体在菌褶子实层上形成无数的担子，每个担子上产生

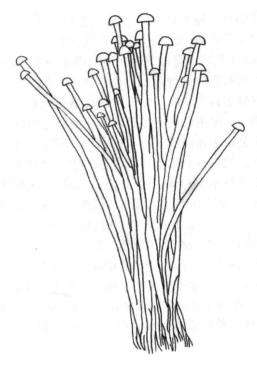

图 6-9　金针菇子实体形态

4 个担孢子，担孢子萌发产生牙管，牙管不断分枝，伸长形成一根根菌丝（卢绪志，2017）。此时，每个细胞中仅一个细胞核，这种菌丝称为单核菌丝。不同极性的单核菌丝结合，质配后形成有两个细胞核的双核菌丝，这种菌丝比单核菌丝粗壮，生命力强，能够生长成子实体。子实体成熟后，在菌褶上产生担子，担子上又产生 4 个担孢子，如此循环往复的过程，就是金针菇的有性世代（常堃，2014）。

　　无性世代是不经过减数分裂直接进行繁殖的过程。金针菇的单核菌丝可形成单核子实体，但朵形小，产量极低，在生产上没有实用价值（吕灿良，1983）。粉孢子为椭圆形、短杆形或丫形（刘昆昂等，2019）。

　　在各种有利于菌丝生长的条件下，金针菇的单核菌丝和双核菌丝都可以产生粉孢子。但是，温度高、菌丝培养时间长和在养分匮乏等不利生长的情况下，粉孢子形成多，说明培养温度、菌龄、营养成分对粉孢子产生有一定的影响，而光照对粉孢子产生影响不大，在黑暗中培养和在有光条件下培养一样，金针菇菌丝都产生粉孢子。粉孢子无休眠期，它能利用自身内含物质及外源营养萌发，而且萌发快，萌发率高。单核或双核的粉孢子萌发形成单核或双核菌丝。金针菇生活史如图 6-10 所示。

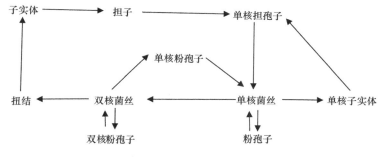

图 6-10　金针菇生活史

3. 生长发育必要的营养源及环境条件

1）营养条件

i. 碳源

金针菇能利用的碳源是有机碳，不能利用二氧化碳、碳酸盐等无机碳。金针菇可以直接吸收利用有机物中的单糖、有机酸和醇类等，大分子有机物需经酶解后才能吸收利用。制作母种培养基中的碳源主要是葡萄糖、蔗糖等；用作栽培种及栽培生产的培养料主要是富含纤维素、半纤维素、果胶质和木质素的原料，如棉籽壳、锯木屑、稻草、玉米秸秆、麦秸等（胡清秀等，2006）。金针菇分解木材的能力较弱，金针菇菌丝能利用的单糖中以葡萄糖为最好，其次是甘露糖、果糖、阿拉伯糖和半乳糖；双糖中以麦芽糖为最好，其次是蔗糖、乳糖（张晶和张园园，2018）；多糖中以淀粉和糊精为最好，棉籽糖、羧甲基纤维素钠次之，在甘露醇和山梨醇的培养基中，菌丝也能很好地生长。玉米芯为主料时，应先暴晒，粉碎至蚕豆大小并添加 1/3 的木屑，同时补加氮源。棉籽皮作主料时，需添加 15%～20%的米糠或麸皮等（叶建强等，2019）。

ii. 氮源

金针菇菌丝蛋白酶活性较强，需更多氮源，故其培养基含氮量高于杏鲍菇等其他食用菌。金针菇可以以多种原料作为氮源，如米糠、麸皮、豆饼粉、棉籽饼粉、蚕蛹粉等。在金针菇培养料中添加一定量的氮素可促进菌丝生长，米糠、麦麸等不仅能促进菌丝生长，而且能缩短出菇期，提高产菇量。金针菇栽培一般要求营养生长阶段的碳氮比为（20～25）∶1，生殖生长阶段的碳氮比为（30～40）∶1。米糠、麦麸的用量一般为 15%～25%，另添加 5%～8%的玉米粉和 1%～3%的大豆粉。在制作母种培养基时，应适量添加酵母粉、酵母膏、蛋白胨、L-精氨酸或 L-丙氨酸等有机氮源。

iii. 生长素类

金针菇在生长过程中需要某些生长素（如硫胺素、核黄素、泛酸、叶酸、烟酸、吡哆醇和生物素等）参与新陈代谢活动。金针菇对生长素需求量很小，但不可缺少，一旦缺少，就会影响金针菇正常的生长发育（刘淼，2014）。

金针菇是维生素 B_1、维生素 B_2 天然缺陷型菌株，在维生素 B_1、维生素 B_2 丰富的培养基上菌丝生长速度快，粉孢子量少。麦麸和米糠富含 B 族维生素，适量加入麦麸和米糠能促进金针菇菌丝生长。需要注意的是，维生素不耐高温，在 120℃ 以上易分解，因此，灭菌过程应严格控制温度，温度不宜过高。

iv. 无机盐

金针菇生长过程中需要无机盐类，如磷酸氢二钾、磷酸二氢钾、硫酸镁、硫酸钙、硫酸亚铁、硫酸锌、氯化锰等。菌丝体从这些无机盐中分别获得磷、钾、镁、钙、铁、锌、锰等元素，其中尤以磷、钾、镁元素最重要（李长田等，2012a）。

在培养基中，增加 Mg^{2+} 和 PO_4^{3-} 的含量可以促进金针菇菌丝生长，也可以促进子实体的分化。硫酸镁、磷酸二氢钾、过磷酸钙及各种微量元素（如铁、锰、铜、钴、钼等），对金针菇菌丝的生长和子实体的形成也是必需的。若用自来水作培养基，由于水中微量元素的含量已能满足金针菇菌丝生长的需要，一般不用再添加。

2）环境条件

i. 温度

金针菇属于低温食用菌，耐寒性强，菌丝生长的温度为 3～34℃，最适生长温度为 20～24℃。菇蕾形成最适温度为 10℃，子实体生长的温度为 5～18℃，最适温度为 5～12℃，高于 18℃ 时，子实体很难形成。子实体发生后在 4℃ 条件下冷风短期抑制处理，可使金针菇发生整齐，菇形圆整。

ii. 湿度

金针菇喜湿，菌丝生长阶段培养料的含水量控制在 60%～65%，子实体形成阶段培养料最适含水量为 65%，含水量低于 50%，子实体很难形成。原基分化时空气相对湿度保持在 80%～85%。子实体发育阶段，要求较高的空气相对湿度，除依靠培养料的水分满足菇体生长发育外，空气相对湿度应提高到 85%～95%（谭爱华，2018）。

iii. 光照

金针菇属于厌光型菌类，菌丝在黑暗条件下能正常生长，原基在完全黑暗条件下也能形成。在子实体生长阶段，一定的散射光线对子实体的形成有促进作用。

iv. 空气

金针菇是好气型真菌，菌丝体生长阶段和子实体发育阶段，必须有足够的氧气。否则，菇的生长缓慢，菌柄纤细，不形成菌盖，成针尖菇。金针菇的子实体对空气中的二氧化碳浓度很敏感，当二氧化碳浓度超过 1% 时抑制菌盖的发育，超过 5% 时，便不能形成子实体。因此，金针菇培养过程中，需注意通风。

v. 酸碱度

金针菇适应弱酸性环境，在 pH 为 3.0～8.4 时皆可正常生长。菌丝体生长阶段，培养料的最适 pH 为 5.2～7.2，在一定的 pH 范围内，偏碱性的培养料会延迟子实体的发生，微酸性的培养料，菌丝体生长旺盛。子实体在 pH 为 5.0～6.0 时，生长得最好。培养料中 pH 低于 3.0 或高于 8.0，菌丝停止生长或不发生子实体。由于灭菌过程中，培养料的 pH 会下降，且菌丝生长过程中能够产酸，培养料的 pH 会随培养时间的延长而下降，为避免出菇时培养料过酸，生产上往往会在装瓶之前将培养料的 pH 调节至 7.0 以上（黄毅，2018）。

6.2.3　工厂化栽培技术

1. 生产工艺流程

金针菇工厂化生产的工艺流程如下。

原料采购、预处理→原料配制→装瓶→灭菌→接种→发菌培养→搔菌→催蕾→抑制→插片→采收→挖瓶→分级包装。

2. 设施与设备

金针菇工厂化栽培采用工业化管理模式，在专门设计的保温库房内，利用环境控制系统（制冷、光照、加湿及通风等设备），与自然季节气候变化相抗衡，创造出所栽培菌类适合的生长环境，从而进行规模化、周年化连续生产的栽培模式。工厂化生产要用标准化厂房和标准化生产线。图 6-11 为金针菇工厂平面图，

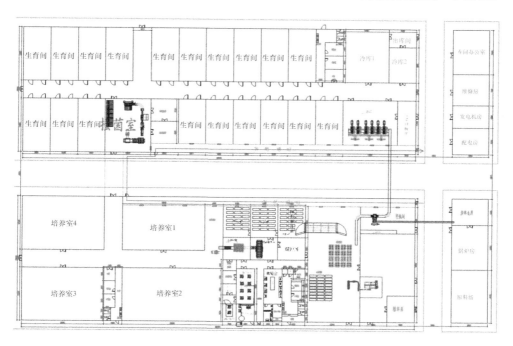

图 6-11　金针菇工厂平面图（彩图请扫封底二维码）

主要包括搅拌室、装瓶操作室、灭菌室、冷却室、培养室、搔菌室、生育室、包装室、挖瓶室和冷藏室等，各功能区详见第 4 章 4.1.2 节。由于金针菇菌丝生长较慢，其培养室的占地面积与红平菇的相比，相对较大，具体如图 6-11 所示。

3. 栽培管理

1）母种和原种制备

母种和原种的培养料配方可以与侧耳相同。在培养母种或原种时，应注意 Mg^{2+}、PO_4^{3-}、维生素 B_1、维生素 B_2 的添加。在 24℃条件下培养，母种需要 10～12 天长满管，其菌丝体较细密、气生菌丝少，参照《金针菇菌种》（GB/T 37671—2019）的要求。每支母种可接原种 4～5 瓶，在 24℃条件下培养，500g 瓶需 20～25 天长满。采用液体菌种时，一般每 15ml 接一瓶，接种量越大，菌丝满瓶、满袋的时间越短，出菇时间也会相应提前。

2）培养料的配制

培养料的质量需满足 NY/T 1935—2010 的要求，根据不同培养料的颗粒度、含水量、pH、营养成分等合理设计培养料的配比。

i. 培养料种类

由于金针菇分解木材的能力比较弱，金针菇工厂化生产常用软质的松、杉木屑，但松、杉木屑属于针叶树木屑，含有阻碍菌丝生长的活性物质，故需经过室外堆制。松、杉木屑中的有害物质在堆积过程中通过物理、化学和微生物的作用而去除，同时木质素、纤维素、半纤维素、果胶质等分解为菌丝生长利用的简单物质，一般堆制时间为 6 个月以上。堆制好的木屑标准为没有芳香味（或很淡），外观黄褐色，手感柔软，含水量 60%左右，拌料时基本不用加水（邱桂根，2003）。

目前，多种农业副产品（如棉籽壳、玉米芯、甘蔗渣等）被广泛用于金针菇工厂化生产。这些原料不仅来源广泛，营养丰富，而且价格低廉，可实现资源再利用，保护生态环境（黄毅等，2018）。金针菇生产除需要碳源外还需要氮源，尤其是工厂化生产周期短，产量高，对氮源的要求更高，通常生产上用作栽培金针菇的氮源原料有米糠、麦麸、玉米粉和豆腐渣等。原料鉴别评价标准见第 2 章 2.4.2 节。

ii. 培养料配比

金针菇生长过程中需要的氮源比其他食用菌多，培养料的碳氮比一般为（20～25）：1。由于所用原料其营养成分种类及含量不尽相同，工厂化生产中的原料配比也不尽相同，应根据实际的用料情况进行科学合理配比。

iii. 培养料含水量

培养料中的含水量直接影响发菌速度及产量。培养料含水量低，菌丝生长缓慢，细弱。相反，含水量偏高，培养料通气性差，菌丝生长细弱无力。所以，培养料含水量过高或过低都会导致发菌时间延长，菌丝活力减弱（林静和李宝筏，2007）。在工厂化生产中，金针菇培养料含水量以 63%～65%为宜。为确保生产中含水量适宜，通常在培养料配制过程中定时定量加水，并用红外线水分测定仪监测培养料的含水量。

iv. 培养料酸碱度

金针菇喜偏酸环境，最适 pH 为 5.2～7.2。由于培养料在灭菌后 pH 有所下降，加上培养过程中食用菌新陈代谢产生各种有机酸，也会使 pH 降低。故在配制培养料时，应将 pH 适当调高些。

v. 金针菇培养料的配方

（1）棉籽壳 75%、粗玉米粉 5%、麦麸 15%、大豆粉 2%、石灰粉 1%、石膏粉 1%、白糖 1%。

（2）棉籽壳 75%、黄豆粉 5%、麦麸 15%、过磷酸钙 2%、石灰粉 1%、石膏粉 1%、白糖 1%。

（3）棉籽壳 78%、麦麸 20%、石膏粉 1%、白糖 1%。

（4）棉籽壳 60%、麦麸 20%、木屑 15%、过磷酸钙 3%、石灰粉 1%、石膏粉 1%。

（5）棉籽壳 48%、玉米粉 5%、木屑 25%、细米糠 20%、石膏粉 1%、白糖 1%。

（6）米糠 40%、木屑 23%、玉米芯 20%、麦麸 10%、大豆粉 2%、棉籽皮 2%、玉米粉 2%、石膏粉 1%。

（7）木屑 73%、麦麸 25%、蔗糖 1%、石膏粉 1%。

（8）玉米芯 73%、麦麸 25%、蔗糖 1%、石膏粉 1%。

（9）甘蔗渣 35%、棉籽皮 41%、麦麸 17%、玉米粉 5%、蔗糖 1%、石膏粉 1%。

（10）豆秸屑 70%、麦麸 15%、玉米粉 10%、石灰粉 3%、蔗糖 1%、石膏粉 1%。

3）搅拌

培养基质的搅拌工作需要严格按照搅拌工艺执行，以达到均匀搅拌的目的。

4）灭菌

金针菇是维生素 B_1、维生素 B_2 天然缺陷型菌株，其培养基质中加入了补充维生素的物质，必须严格控制灭菌温度在 120℃以下，灭菌时间不超过 80min。

5）接种

金针菇生产用的菌种多为液体菌种，接种效率高，菌丝萌发快，萌发点散布均匀，满瓶时间早。制作液体菌种要具备相应的技术条件，设备投资大，同时液体菌种不便于保存和运输。因此，液体菌种的制备有难度。

6）发菌培养

接好种后，将栽培瓶由机械手整齐摆放于塑料栈板上（10 层，每板 40 筐），不得用手触碰栽培瓶。将其运输到培养室一指定库位进行发菌培养，同一天接种的栽培瓶不能相邻摆放（间隔 3 天以上）。由于发菌过程中，菌丝生长进行呼吸并产生大量的二氧化碳及热量，需保持培养室内良好的通排风，因此培养室的菌种堆放形式、密度十分重要。比较合理的堆放密度为 450～500 瓶/m²，堆放高度为 12～15 层，每区域留通风道。

分段培养（移库）的必要性：为了减少前期杂菌感染概率，且更利于精细化调控等。菌丝封住料面，开始进入发热期（瓶颈位置，第 5～6 天）进行移库。发菌期间培养室温度必须稳定在 18～20℃，空气相对湿度保持在 65% 左右，避光培养，发菌过程中培养室的相对湿度控制在 60%～65%。菌丝培养一般 28 天左右可达到生理成熟，此时进行催蕾。挑出感染杂菌，并将发菌未满袋的菌袋排在一起继续发菌。

7）出菇管理

金针菇出菇管理过程见表 6-1。搔菌后将菌种移入生育室出菇，工厂化生产以床架式栽培为主，生育室常设置床架层数为 5～7 层。床架分移动式及固定式，移动式可节省搬运时间及劳力，但成本较固定式高。金针菇原基形成的温度低于菌丝培养的温度，原基分化期生育室内温度一般控制在 12～15℃，一般 7 天左右可见许多鱼子样的小菇蕾（高平等，2012）。金针菇原基分化阶段不需光照条件，但金针菇原基分化阶段，控制二氧化碳浓度有利于原基分化，生育室二氧化碳浓度通过控制排风时间及通风量来控制。

表 6-1 金针菇出菇管理过程

时间	现象	时期	湿度/加湿开关	温度	二氧化碳浓度	新风
第 0～3 天	搔菌后料面菌丝逐步恢复（返白）	现原基期	80%～90%，开 20min，关 5min			开 20～30min，关 5min
第 4～6 天	料面菌丝逐步扭结形成原基（现蕾）	原基分化期	90%～100%，开 5min，关 20min	由 15℃降至 13℃	600～4 000mg/L	开 20min，关 5min
第 7～9 天	料面原基逐步分化出菇柄和菇帽	芽抑制期	85%～90%，开 5min，关 30min			
第 10～14 天	抑制菇芽，使其相对整齐、均匀生长	插片期	80%～90%，开 8min，关 20min	由 12℃降至 7℃		开 8min，关 20min
第 15～16 天	上包菇片	伸长期	95%，开 5min，关 30min	5～7℃	8 000～10 000mg/L	开 3min，关 20min
第 17～23 天（采收前）	菇柄伸长、菇帽放大过程		80%～85%，开 3min，关 15min			开 2min，关 35min
采收期	菇高 15～17cm，菇帽 0.5～1.0cm					

菇蕾出现 2～3 天后，肉眼能见到菌柄长 3～5mm、菌盖直径 2mm 时，把菌瓶移到抑制室，采用低温、弱风、间歇式光照抑制措施，促进菇蕾长得整齐，粗壮。抑制室的温度调节为 3～5℃，以 3～5m/s 弱风吹向菇体，利用金针菇对光敏感这一特性，也可采用光照抑制，在距离菇体 50～100cm 处，用 200lx 光照间歇性照射，每天 2～3h，一般 8～10 天可以完成抑制。

在催蕾阶段，菌盖没有充分发育，菌柄细弱徒长的金针菇进入抑制期吹风后，菌柄会变成褐色而枯死，即便从基部再长出分枝也很弱，不能充分生长，且很快停止生长。为此，菌盖必须充分发育后才能进入抑制管理。在日本，金针菇抑制生长在专门的抑制室内进行，即将待进入抑制期的金针菇移入抑制室，使其在低温、弱风、间歇式光照等控制条件下生长，结束后移出抑制室。但目前很多金针菇栽培者采用专用抑制装置，即在生育室的过道中安装移动式抑制装置，一旦金针菇需要进入抑制期，开启抑制装置，结束后关闭此装置。

i. 菌丝恢复期

培养室走菌差、生育室温度偏低、湿度偏低或杂菌感染都会影响菌丝正常恢复。此阶段要特别注意库房湿度的调控。

ii. 插片期

温度控制在 5～7℃（此阶段调控的关键），温度升高要迅速，以减少有效芽数和菇体周边小芽；这个时期金针菇呼吸出来的水汽可使库房内湿度达到 85%～90%，不用另行加湿；此阶段适量通新风，增加菇体紧实度及均匀性，但菇帽要控制在 4mm 以下，否则后期菇帽大小不易控制，采收菇帽会偏大。

iii. 伸长期

伸长期的管理主要是促使子实体色泽、形态正常，生长整齐一致。当菇蕾长出瓶口 2cm 左右，套纸筒。金针菇套纸筒或菇片有两个作用：其一，金针菇伸出瓶口之后，菇体易向外倾斜，套上纸筒可防止下垂散乱，使之成束生长整齐；其二，套上纸筒可减少氧气供应，增加二氧化碳浓度，抑制菌盖伸展，促进菌柄伸长。套筒可用各种材料做成，如蜡纸、牛皮纸、塑料、无纺布等，规格为高 12～13cm，呈喇叭形。由于不同的材料通风换气性能有差异，效果也不同。

第 19～20 天注意菇体整齐度及紧实度、菇帽大小、菇体湿度等的调控；伸长期白色金针菇温度控制在 6～8.5℃，这个时期菇柄迅速伸长，菇体周边小芽少；CO_2 浓度在 8000～10 000mg/L，菇帽大小控制在 0.5～0.8cm。高浓度 CO_2 能够刺激菇柄快速伸长，抑制菇帽放大。

这个时期如果温度过高，子实体生长快，但菌柄细，菇丛整齐度差，产量低。伸长期的白色金针菇的生长不需光照，子实体生长发育阶段通风换气十分重要，特别是工厂化生产是在密闭的菇房内，加之高密度、立体式栽培，二氧化碳浓度的控制适当与否直接影响到子实体的产量及品质。由于子实体的生长发育会产生大量的二氧化碳，如果不及时通风换气，菇房内积累过量二氧化碳会造成子实体畸形生长，如菇柄徒长、菇盖针头状或畸形等，因此在工厂化生产中，设定适当的通风换气次数及换气时间，以控制二氧化碳浓度在 600~10 000mg/L（1ppm=1mg/L）为宜。另外，湿度宜控制在 80%~85%。低湿的环境下，子实体生长发育慢，菇盖易开伞，菇柄空心。但过湿的环境，子实体因含水量过高，采收后不耐贮藏，同时高湿环境下易发生病虫害。采收时若菌盖和菌柄水分含量多，易形成水菇，会使金针菇不耐贮存，商品价值降低。如有水菇现象，应在采收前 2 天吹风，使菇体干燥、发白（图 6-12）。

图 6-12　金针菇生长（彩图请扫封底二维码）

8）采收包装

金针菇的菇柄长 15cm，菇盖直径 0.8~1.0cm 时为采收时期。采收时脱去套袋，用手握住菇体根部旋转采下，摆放时注意不要头尾交叉摆放，以免菇根的培养料沾到菇体上。不同级别的菇分开包装、打冷、运到市场销售。菇体含水量至关重要，直接影响菇的贮存与流通。可采用活性体防雾袋包装。

i. 采收期

采收天数：4~6 天，30 天内清库。清库时间控制在 1 天以内，且没有大量短菇时清库。清库前 1~2 天根据情况适当升温，保证按时清库。

温度：5~6℃。此阶段若菇体生长太快，培养料中的营养会供应不足，根部营养被向上输送到菇柄，导致根部失水萎缩，影响最终成品菇品质。

温度控制原则：在不影响清库周期的情况下，温度越低，采收菇的产量和品质越好。

ii. 生育室其他工艺

（1）包菇片处理　采菇后胶片回收、理片过程：采收后胶片回收→清洗整理→烘干（烘干时间 2h 为宜）。胶片洁净度：干燥，没有残菇及其他杂质，否则易出现烂菇、细菌污染、绵腐病污染等。

（2）移库　当菇长到胶片高度约一半（20 天左右）时，将床架里外栽培筐调换位置并将筐 180°旋转，使整个库房内的菇生长更均匀。

6.3　杏　鲍　菇

6.3.1　概述

杏鲍菇（又名刺芹侧耳）[*Pleurotus eryngii* (DC.) Quel.]，隶属于真菌界担子菌门蘑菇纲蘑菇目侧耳科侧耳属。菇体具有杏仁香味、肉质肥厚、口感鲜嫩、味道清香、营养丰富，具有降血脂、降胆固醇、促进胃肠消化、抗氧化、增强机体免疫能力等功能（代欢欢和李长田，2015；郑爽等，2014；张剑刚等，2013）。近年来，全球杏鲍菇产业发展迅速，每年以 7%～10% 的速度增长，而我国年增长速度更是高达 20% 左右，并保持良好的增长态势。但是由于杏鲍菇是低温型食用菌，人工栽培主要集中在秋冬季，高温季节栽培的品种很少，难以做到常年均衡供应，因此为了改变以往传统的生产局限，用工业设备调控环境条件，使之满足杏鲍菇对生长环境的需求，实现不受地域、季节限制的全天候工厂化生产。机械化、自动化生产杏鲍菇不仅可以减少劳动力的投入，而且栽培过杏鲍菇的菌质可以覆土栽培草菇，还可被微生物群发酵作颗粒饲料，提高原料利用率（黄毅，2013）。

6.3.2　生物学特性

1. 形态结构

杏鲍菇形态多样，有棍棒形、保龄球形、鼓槌形、短柄形和菇盖灰黑色。子实体（图 6-13）单生或群生，视基质营养和水分及菌丝生理成熟度而异；菌盖幼

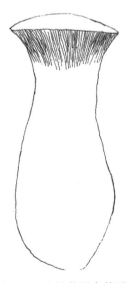

图 6-13　杏鲍菇子实体形态

时略呈拱圆形；后渐平展，成熟时其中央凹陷成漏斗状，直径 2～12cm，一般单生个体稍大，群生时偏小，菌盖幼时呈灰黑色，随着菇龄增加渐变浅，成熟后变为浅土黄色、浅黄白色，中央周围有辐射状褐色条纹，并具丝状光泽；菌肉纯白色，杏仁味明显，破口处短时间变干黄；菌褶延生不齐，白色，与普通平菇相同；菌柄长 2～8cm，直径 0.5～4cm，不等粗，基部膨大，呈球茎体状；多侧生或偏生，中实，肉白色，吸水性较强。显微镜下每个担子上着生 4 个担孢子，孢子椭圆形至近纺锤形，平滑，大小为（9.58～12.5）μm×（5～6.25）μm，孢子印白色（张晨，2018）。

杏鲍菇菌丝体白色，浓密，粗壮，整齐，生长快，有锁状联合，在适宜的条件下可大量繁衍并产生子实体。初生菌丝粗壮，不孕，有的单核菌丝生长速度和菌落形态与双核的有差异，有的单核菌丝的菌落与双核菌丝的菌落无明显区别。

2. 生活史

杏鲍菇也是双因子控制四极性异宗结合食用菌，从担孢子萌发开始，产生单核菌丝，可亲和的两种不同交配型的单核菌丝质配，形成双核菌丝，双核菌丝发育成熟后，扭结分化成子实体，子实体菌褶上担子细胞先核配，经两次成熟分裂（包括 1 次减数分裂）产生单核的新一代担孢子（张疏雨等，2016）。

3. 生长发育必要的营养源及环境条件

1）营养条件

杏鲍菇是一种具有一定寄生能力的木腐菌，具有较强的分解木质素、纤维素的能力，各种农副产品的下脚料、农作物秸秆都可以作杏鲍菇的培养料（李正鹏，2010）。栽培料需要丰富的碳源、氮源，碳氮比适宜时，菌丝生长旺盛、粗壮，子实体产量高。杏鲍菇可利用的碳源有葡萄糖、蔗糖、棉籽壳、木屑、玉米芯、甘蔗渣、豆秸和麦秸等，可利用的氮源物质有蛋白胨、酵母膏、玉米粉、麦麸、黄豆粉、棉籽粉和菜籽粉等。实际栽培时，主料以棉籽壳、玉米芯为好，辅料除麦麸、玉米粉、石膏粉等外，有时添加少量含蛋白质高的棉籽粉、菜籽粉或黄豆粉等，可使子实体增大，并可提高产量。

2）环境条件

i. 温度

杏鲍菇属中偏低温型的菌类，菌丝生长温度为 5～33℃，适宜温度为 22～27℃，最适温度是 25℃左右，生产上常控制培养间温度为 22～23℃。杏鲍菇原基形成和子实体发育的温度范围较窄，多数菌株为 8～20℃，最适温度为 10～17℃，低于 8℃不形成原基，高于 20℃时，易出现畸形菇，并易遭受病菌污染，引起菇体变黄萎蔫。

ii. 湿度

菌丝生长阶段，培养料含水量以 60%～65%为宜，所需水分主要靠培养料供应，所以，配料时培养料含水量可适当提高到 65%～70%。出菇阶段，培养料含水量保持在 60%左右为宜，低于 55%则出菇困难。菌丝阶段空气相对湿度以 70%左右为宜，原基分化阶段以 90%～95%为宜，子实体发育阶段可适当调低到 80%～90%。

iii. 光照

杏鲍菇菌丝生长阶段不需要光照，光照过强，菌丝长速减慢。原基形成和子实体发育需要散射光。适宜的光照强度为 500～1000lx，应保持菇房内明亮。光照不足，子实体易畸形（郑静瑜和郑琼珊，2010）。

iv. 空气

杏鲍菇是好气型真菌，菌丝生长和子实体发育都需要新鲜的空气。但在菌丝生长阶段，一定浓度的二氧化碳对菌丝生长有刺激作用。原基形成阶段，需要充足的氧气，二氧化碳的浓度应控制在 0.1%以内，否则原基不分化而膨大成球状。子实体发育阶段，二氧化碳浓度以小于 0.2%为宜。

v. 酸碱度

菌丝生长的 pH 为 4.0～8.0，最适 pH 为 6.5～7.5，出菇阶段的最适 pH 为 5.5～6.5。由于培养基灭菌后 pH 会下降，菌丝的新陈代谢作用也会使 pH 降低。因此，为了稳定基质的 pH，控制喜酸性杂菌的生长，配料时常将 pH 提高到 7.5～7.8。

3）生理特性

杏鲍菇菌丝在 PDA 培养基中生长，最适生长温度为 28℃左右。在盐酸盐琼脂培养基（PDA+10mg/L 盐酸盐）中，不同 pH 条件下测定菌体质量，最适生长 pH 为 6.4 左右。杏鲍菇在各种培养基的特性如下。

（1）麦芽浸出液琼脂培养基（25℃）：菌丝生长 7 天左右达 49.9mm，菌落白色，菌丝密，直丝伸长，气生菌丝数量多。

（2）马铃薯葡萄糖琼脂培养基（25℃）：菌丝生长 7 天达 40.6mm，菌落白色，伸长成树状，菌丝中气生菌量多。

（3）蔡氏多克氏琼脂培养基（25℃）：菌丝生长 7 天达 41.6mm，菌落白色，菌丝极稀薄，白色，伸长成直线，气生菌量少。

（4）萨氏琼脂培养基（25℃）：菌丝生长 7 天达 41.1mm，菌落白色，稍许密。菌丝白色，伸长成直线，气生菌量多。

（5）燕麦琼脂培养基（25℃）：菌丝生长 7 天达 56.2mm，菌落白色，菌丝稍密，白色，直线伸长，气生菌丝不多。

（6）羚酸琼脂培养基（25℃）：菌丝生长 7 天达 45.0mm，菌落白色，菌丝密，白色，伸长成树状，气生菌丝多。

（7）YP 琼脂培养基（25℃）：菌丝生长 7 天达 50.7mm，菌落白色，菌丝稠密，白色，伸长成树状，气生菌丝多。

6.3.3 工厂化栽培技术

1. 杏鲍菇生产工艺流程

杏鲍菇工厂化栽培厂址选择应符合《高效节能智控型菌菇生产设施装备》（Q/320903AFR 006—2018）的要求。杏鲍菇工厂化栽培厂房布局和结构设计应符合《环保节能型袋栽杏鲍菇工厂化生产装备》Q/320903AFR 004—2018）的要求。

杏鲍菇生产工艺流程为：原料采购、预处理→原料配制→装瓶→灭菌→接种→发菌培养→出菇管理→采收→挖瓶→分级包装。

2. 设施与设备

杏鲍菇工厂化生产要用标准化厂房和标准化生产线。吉林农业大学菌菜基地采用的是钢结构聚氨酯保温板建成的保温保湿的生产厂房。首先确定生产规模，生产品种为杏鲍菇，拟定设备方案，之后需严格计算设备的放置空间面积，适当调整菌种生产瓶数及堆放位置、面积等。图 6-14 为杏鲍菇工厂平面图。

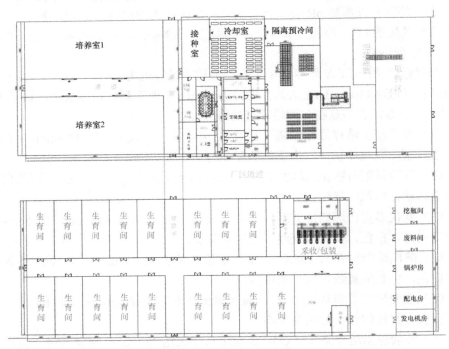

图 6-14　杏鲍菇工厂平面图（彩图请扫封底二维码）

培养室栽培瓶的管理形态为每箱放 12～15 层堆叠，用菇架堆积成 2 层。每个菇架按 4 箱×（6～9）层进行堆装，每个容器装 7～8 层，将容器放在架上叠二层菇箱。固定室内的温湿度基本以移动的立式菌床来管理。

3. 栽培管理

1）培养料的配制

i. 培养料种类

由于杏鲍菇不喜在秸秆基质上生长，故生产中可少走弯路，排除使用作物秸秆的可能性。生产中首选棉籽壳原料；其次可备选一些材质硬度适中的木屑材料，如杨、柳、榆、栎、柞等的木屑；再次，棉花加工时产生的废棉、纺纱产生的废棉绒等均是较好的栽培原料；最后，与其他菇类相同，生产中还应加入一些辅料，既能调整基料碳氮比，又能补充其他营养成分。

ii. 培养料新鲜度及粗细度

杏鲍菇工厂化生产培养要求干燥、新鲜、无霉变、无虫害。培养料潮湿，易产生霉变，导致灭菌不彻底，影响产品率。按培养基配方所需称取原料。木屑、玉米芯拌料前在预湿池中预湿 13h 左右，木屑必须在堆积场淋水堆积 180 天，变为棕红色方可使用。然后进行一级搅拌 25～30min，二级搅拌 10min，送至三级贮存后装瓶（袋）。同时，工厂化生产培养料还要求达到一定的颗粒大小，粗细度均匀。颗粒太粗，装瓶后料内空隙大，保水能力差。颗粒过细，则装料过于紧实，通气性差，发菌慢，且菌丝细弱。参考 NY/T 1935—2010 的要求。

iii. 培养料配比

杏鲍菇培养料的碳氮比为（20～40）：1，一般以 30：1 为宜。由于所用原料的营养成分种类及含量不尽相同，故工厂化生产中的原料配比也不尽相同，应根据实际的用料情况进行科学合理配比。

杏鲍菇工厂化生产培养料配方如下。

（1）木屑 110kg、麸皮 142kg、玉米芯 140kg、玉米粉 70kg、豆粕 35kg、轻质碳酸钙 6kg、石灰粉 6kg，含水量 60%～65%。

（2）棉籽壳 60kg、木屑 30kg、麦麸 10kg、玉米粉 10kg、复合肥 5kg、蔗糖 3kg、过磷酸钙 3kg、豆饼 4kg、石灰粉 5kg，含水量 60%～65%。

（3）玉米芯 40%、木屑 20%、麦麸 20%、豆粕 8%、玉米粉 10%、轻质碳酸钙 1%、石灰粉 1%，含水量 62%～63%。

（4）玉米芯 30%、豆秸 8%、玉米秸 10%、木屑 20%、麸皮 20%、玉米粉 10%、轻质碳酸钙 1%、石灰粉 1%，含水量 62%～63%。

2）发菌培养

i. 初期培养

在接种 3 天内，由于杏鲍菇菌丝成活迟缓，培养室需以无风状态管理为准，使用空调时尽量不产生对流风。若用换气扇，在菌丝生长初期要以极小的速度运转，以达到控制风量的目的。在接种后 3 天左右，要注意发菌的温度管理，若吹强风会引起杂菌入侵，但若通气量不足引起缺氧，会使菌床表面气生菌丝向上生长，不利于基内菌丝生长，故要控制风量，力求损耗小（张引芳，2001）。同时将菇室的空气相对湿度下降至 70% 以下，以减少杂菌污染。

杏鲍菇菌丝不适宜在 20℃ 以下生长，这是它固有的特性，因此初期管理时，低温管理会使接种后的复活迟缓，还易造成杂菌侵害，因此初期培养温度要略高于 20～23℃。但温度过高会使菌丝产生生理病害，故要低于 28℃。在接种、灭菌及降温工序时要严格操作。

菌丝生长时，菌床的温度在逐渐提高，瓶内温度上升至 25℃，保持空气相对湿度 65%～70%，逐步将管理向中期培养过渡。初期培养，菌丝只需在培养料表层成活，生长至瓶肩附近，大致 10 天可在瓶底见到菌丝，此时菌丝呼吸加快，迅速激化，迅速向中期移动。

ii. 中期培养

这个时期菌丝活动最旺盛。菌丝在生长过程发出的热量与 CO_2 极多，必须密切关注瓶间温度及室温的变化，要特别注意防止温度过高，控制室温为 16～18℃。加强通风管理，控制 CO_2 浓度为 800～2200mg/L，黑暗培养 15 天左右。

iii. 后期培养

菌丝发热已进入稳定期，应在外部加温，控制在 23～24℃，湿度控制在 70%～80%，菌丝生长大约 10 天可成熟。

管理数日后开始搔菌，从各种生理特性试验的结果判断，杏鲍菇培养天数以 35～40 天为宜。

3）搔菌工艺

杏鲍菇菌丝培养 35～40 天可基本满瓶，可以进行搔菌。完成搔菌后不需要给基质补充水分，可立刻移入出菇工序。将搔菌搔掉的培养料从沉淀池内捞起沥干水分，由外部车辆运出厂外（刘乃旭等，2016）。

4）出菇管理

杏鲍菇与其他工厂化栽培食用菌一样，搔菌后，需要进行出菇管理。当杏鲍菇搔菌后，菌床表面对杂菌的抵抗力比其他菇要低，这是该菌的生理弱点。为减少污染，搔菌后要倒置出菇。同时，还要注意卫生、清洁。为便于定期清洗、消毒，在设计配备房屋上不是单一的而是复式的。杏鲍菇的菌盖里无内被膜，子实体早期便会弹射孢子，成为菇室的污染源，这不仅影响出菇质量，还会导致二次污染。因此，必须将菇室分隔为生育室和出菇室，分别进行管理。

　　搔菌后（图 6-15）将菌种移入生育室出菇，菌丝生理成熟后，需要经过一个低温刺激期，即一定的昼夜温差刺激（温度设定为 12～15℃），然后进入回温期，即在第 2、第 3、第 4、第 5 天进行升温，在 17～19℃进行暗培养；5 天后进入催蕾期，即温度下降至 16～17℃，室内空气相对湿度保持 90%，诱导杏鲍菇原基形成，这个时期需要高浓度的二氧化碳，以达到刺激菌丝生长的目的；杏鲍菇原基形成的温度低于菌丝培养的温度，生育室内温度一般控制在 15～16.5℃，湿度控制在 80%～90%，并开始光照刺激，每天 24h 光照，光照强度为500～1000lx，连续 6 天（杏鲍菇原基分化阶段不需光照条件）。生育室内二氧化碳浓度通过控制排风时间及通风量来控制。第 11～12 天为养蕾期，温度为 13～16℃，蓝光光照为 500～1000lx，空气相对湿度为 90%，二氧化碳浓度为 2000～6000mg/L；第 13～16 天为疏蕾期，当幼菇长至 5～7cm 时进行疏蕾，每袋选

图 6-15　杏鲍菇搔菌后菌丝恢复（a、b）与原基形成（c、d）（彩图请扫封底二维码）

取两个菇形圆整的健壮幼蕾，用刀切除其他幼蕾。暗培养，温度为 15～16℃，空气相对湿度为 90%，二氧化碳浓度为 3500～6000mg/L。从第 15～17 天开始进入长菇期，第 18～19 天进入采菇期，以菇帽檐稍微张开时为成熟标准进行采收；采收时温度为 13～16℃，空气相对湿度为 90%，二氧化碳浓度为 3500～6000mg/L（图 6-16）。

图 6-16 杏鲍菇生育室菇柄伸长（彩图请扫封底二维码）

子实体原基生长到 10mm 左右后，为了生长出正常的菇，将栽培瓶由倒立状态换成原来的正立状态，放在出菇室。原基形成不齐或原基形成迟的不要随意移动，注意选择充分生长的小子实体移到生育室进行出菇管理。

出菇的可能温度为 12～26℃（比通常栽培的菇类温度的幅度要宽），最适温度为 20～22℃。在低温度范围内生育管理的杏鲍菇子实体生长慢，伞盖色浓、肉质坚，可能生产出高品质的菇，但是栽培周期长，年内生产效率低，菌伞的表面有明显的凹凸不平的模样。在高温度范围内生育管理的杏鲍菇子实体生长快，栽培周转率高，菌伞颜色淡，肉质松软，而且有徒长现象，出菇期不长，易衰老。温度 20℃以上的生育管理要严格执行各项有关措施，否则，害菌等发生旺盛易招致设施累积污染。所以，杏鲍菇在栽培中生育管理温度的选择要充分注意，理想的生育管理温度为 16～18℃。杏鲍菇是高温型菌种，可用高温管理，但也容易造成连作障碍，应绝对避免。

杏鲍菇是喜好草原性气候的菇类，与日本栽培的菇类相比，对干燥的抗性比较强。60%的湿度环境仍有可能正常生育，在低湿环境下菇生长慢，有早开伞（呈漏斗状）倾向。在 75%以上的高湿度环境中，菇生育快，菌盖色也浓，易形成软质菇，菌柄的含水量高，易受到细菌类的危害；反之，在 75%以下的低湿环境，肉质坚硬，生育慢，品质好。所以为了抑制病害发生，生产健壮的菇，生产上需将高湿和低湿两者很好地结合，形成杏鲍菇的工艺程序。

　　形成一次原基的菌瓶，即使放在黑暗情况下，杏鲍菇也可能生长发育，但是要完成菌盖和菌柄的均衡生长发育，正常出菇，还需要给予 50lx 以上的光照。在杏鲍菇的生育过程中，由于光照抑制菌柄的生长，菌盖有变大的倾向。因此无须连续光照。

　　5）采收

　　杏鲍菇的原基进一步生长，菇的菌盖、菌柄、菌褶进入分化阶段，杏鲍菇菌盖由圆形、偏平形到漏斗形。杏鲍菇采收时期应以菌盖的大小和形态作为大致标准。菌盖初期是馒头形，考虑到商品价值，在菌盖呈扁平状前采收，即从现蕾到搬入出菇室后约 10 天可采收。如图 6-17 所示，此时杏鲍菇即可采收。只采第一潮菇的情况下，每一瓶的出菇量在 120g/瓶以上。采收时间从搔菌操作算起是 18～20 天，从接种菌种到采收杏鲍菇，这一循环周期的总天数是 55 天左右。

图 6-17　适宜采收的杏鲍菇（彩图请扫封底二维码）

　　采收结束的菌袋/栽培瓶要立即搬运到室外挖出栽培料。因为杏鲍菇比其他菇类抗病力弱，子实体原基时易感染各种病害，为防止病害和出菇室的累积污染，收获作业理想的场所是专用的收获室。

　　杏鲍菇一般采收一次，把收获后的菌床继续管理也可能采收第二批菇，不再进行搔菌处理，适量注水后出菇管理，可收产量 30～50g/瓶，所需时间大约 20 天。因进行二次出菇会增加生育室受到污染的概率，所以一般不采用二次出菇法。

将采收下来的杏鲍菇大致根据大小分级，切除根基部的锯屑部分后，整株装入浅盘。使用电子秤计量，通常一盘可装 3～5 株，105～110g。计量后的浅盘，用自动包装机塑膜封装好，贴上商标。在采收菇时，不要强按菌柄或其他部分，受伤的部分包装后会变色，影响菇的质量等级。因此，采收时尽量不要伤及表面。出菇室的湿度过高，会造成菇的含水量增多，保存期缩短。

由于杏鲍菇菌柄在包装盘和塑封膜里仍会生长气生菌丝，因此要选择通气性、保鲜度等性能良好的包装盘和塑封膜。

6）贮存

杏鲍菇生产的每道环节必须有生产记录并建档备查，资料保存期 2 年。用 2～6℃的冷藏车低温条件下运输，以保持产品良好品质。将分级包装好的杏鲍菇放置在 1～5℃的低温条件下贮存，贮存期 15 天。

4. 杏鲍菇工厂化栽培中的问题

1）菌丝生育缓慢

与大多数栽培食用菌相比，杏鲍菇的菌丝生长相对较慢，且培养初期易造成由冷却排气风扇等影响带来的杂菌污染，因此在接种后 10 天内应减少换气次数，调低风量。当风量调节不适用且菌丝长到瓶肩部附近时，须去除包扎物，用塑料乙烯片容器罩住菌瓶，减少杂菌污染。

温度在 15℃以下时，菌种萌发较慢。为了促使早日发菌，可将管理温度调节到 20～30℃（比其他食用菌培养初期的温度要高）。

2）病害造成出菇不稳定

杏鲍菇在栽培中最大的问题是产量不稳定，主要原因在于，杏鲍菇比其他食用菌抗病能力弱很多，从搔菌到出菇这一过程，易受细菌的污染。又因菌伞里面没有内包膜，幼小子实体就能孢子飞散，而孢子是营养均衡的组织，蓄积到室内易招致细菌等杂菌滋生，且附着在搔菌后培养料表面的孢子萌发会造成二次污染。在出菇时的湿度管理中应避免长时间高湿环境，应营造 60%～98%的大的干湿差。为防止生育室内的累积污染，不要以二次采收为目的，而应采用一次采收就结束的生产周期，采收结束就将菌床搬出并处理。为了稳产，避免染菌，设施的布局安排也很重要。通常采取出菇单用一室的方式。理想的结构为育种、出菇等各自成系统的复式房屋结构。

3）菌种的退化

一般菌种反复传代培养后形成的子实体能力低下，呈"劣化"的症状，其原因是体细胞遗传发生了变异。杏鲍菇菌种冷冻保藏需谨慎，杏鲍菇菌丝对低温的抗性不太强，培养基的组成和冷冻的速度或解冻的方法等有必要充分注意。

6.4　白　灵　菇

6.4.1　概述

白灵菇（又名白灵侧耳、白阿魏侧耳、白阿魏菇、白阿魏蘑）[*Pleurotus tuoliensis* (C. J. Mou) M. R. Zhao & Jin X. Zhang (C.J. Mou) M.R. Zhao & Jin X. Zhang]，隶属于真菌界担子菌门蘑菇纲蘑菇目侧耳科侧耳属（王尚堃，2007）。它是近年来快速被人们关注的新兴食用菌品种之一。黄年来等（1984）对白灵菇的评价是菇体洁白肥大、味道鲜美、风味独特，具有很高的营养价值和机体保健功能。研究分析表明，白灵菇含有的蛋白质比较高，它不仅含有 18 种氨基酸，而且含有丰富的维生素、矿质元素及微量元素，是一种珍贵和稀有的保健食用菌品种（李长田等，2012b）。白灵菇营养丰富，具有极高的营养保健价值，产品畅销国内外市场，因此，白灵菇是一类非常具有开发潜能的优质食用真菌。

白灵菇在地中海海拔 0～1200m 的大部分区域均有分布，寄居环境复杂多样，主要包括常绿矮灌丛、荒原和牧场，大阿魏（*Ferula communis*）是最常见的寄主。白灵菇在国内分布地区与阿魏菇相同，二者在自然状态下均弱寄生或腐生在伞形花科（Apiaceae）阿魏属（*Ferula*）植物的根茎部。阿魏属植物仅分布在新疆西北部（主要包括裕民、托里、青河、木垒、石河子等地）海拔 700～1500m 的山地和山前平原（牟川静等，1987）。近年来研究发现，在国外，白灵菇广泛分布于摩洛哥、中非、法国、西班牙、土耳其、捷克、匈牙利，在伊朗和克什米尔地区也有分布（Zervakis et al.，2014；胡清秀等，2010）。我国白灵菇是在阿魏菇驯化栽培过程中由牟川静等（1987）发现的，随后以棉籽壳、锯木屑为主料，以麸皮、阿魏根屑和石膏粉为辅料将其成功驯化，1997 年在北京实现商业化栽培，并取商品名为"白灵菇"。

6.4.2　生物学特性

1. 形态结构

1）子实体

子实体单生、群生或近丛生，一般较大；菌盖直径 5～15cm，初期近扁球形，很快扁平，基部渐下凹或平展，无后檐或稀有后檐；纯白色，中央厚，边缘薄，表面平滑，干燥时易形成裂纹；菌肉白色细嫩，不变色，肉质肥厚；菌褶白色，后期带粉黄色，延生，长短不一（马银鹏，2012）；菌柄长 3～8cm，直径 2～3cm，侧生，稀偏生，罕中生，上粗下细或上下等粗，白色，中实，肉质较嫩脆；孢子印白色，孢子无色，光滑，含油滴，长方椭圆形或椭圆形，大小为（10.8～14.0）μm×（4.8～6.0）μm（贺新生等，2003）（图 6-18）。

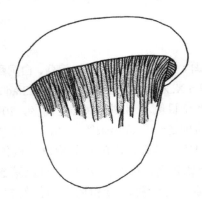

图 6-18　白灵菇子实体

2）菌丝体

菌丝体分单核菌丝和双核菌丝。单核菌丝较细，双核菌丝较粗，有分枝，锁状联合结构明显。在平板上培养时，菌丝多匍匐状贴于培养基表面生长，气生菌丝少，菌落舒展，均匀，稀疏，浅白色。生长速度比平菇菌丝慢，正常温度下，12 天左右可长满 PDA 试管斜面。

2. 生活史

白灵菇生活史与平菇的生活史相似，是四极性异宗结合真菌。初生菌丝是担孢子萌发形成的单核菌丝，白色，较细，不孕，与可亲和的单核菌丝交配形成双核菌丝。

孢子萌发后一般形成单核菌丝。单核菌丝细胞中只有一个单倍的细胞核，单核菌丝体中所有的细胞核都含有相同的遗传物质，又称同核菌丝体。单核菌丝体能独立且无限地进行繁殖，但一般不会形成正常的子实体。单核菌丝体还会产生粉孢子或者厚垣孢子来进行无性生活。

两条可亲和的单核菌丝在有性生殖上是可亲和的，而在遗传性质上是不同的，配对后细胞融合进行质配，发育成含有两个核的双核菌丝。双核菌丝也能独立且无限地进行繁殖，但与单核菌丝不同的是，其具有形成子实体的能力。

双核菌丝在适宜的条件下进一步发育分化，形成结实性双核菌丝，再相互扭结形成极小的子实体原基。原基一般呈颗粒状或针头状，是子实体的胚胎组织，没有器官的分化。原基的形成标志着菌丝体由营养阶段进入生殖生长阶段。原基进一步发育形成菌蕾，菌蕾是尚未发育成熟的子实体，已有菌盖、菌柄、产孢组织等的分化，但未开伞成熟。菌蕾进一步发育成成熟的子实体。

在子实体中，双核菌丝的顶端细胞通过核配、分裂等一系列过程形成有性孢子，至此完成整个生活史，孢子释放后又一轮生活史重新开始（图 6-19）。

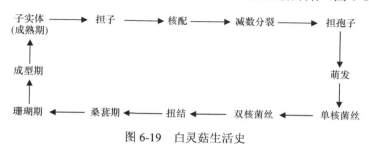

图 6-19　白灵菇生活史

3. 生长发育必要的营养源及环境条件

1）营养条件

白灵菇是兼具弱寄生性的腐生菌类，在自然界，生长在伞形科植物阿魏、刺芹、拉瑟草等的根茎上（刘平挺等，2007）。人工栽培可利用的碳源主要有棉籽壳、玉米芯、木屑、甘蔗渣和稻草等，能够较好地利用的氮源主要有麦麸、米糠或玉米粉等。此外，还需添加石膏粉、碳酸钙、过磷酸钙和酵母片等作为对矿质元素和维生素的补充。

2）环境条件

i. 温度

白灵菇是典型的中低温型变温结实性食用菌。菌丝在温度为 1～33℃均可生长，但以 25～28℃最为适宜。子实体分化发育的温度为 2～20℃，子实体的形成需要低温刺激，菇蕾分化温度为 0～13℃，子实体发育以 15～18℃最适，但在 8～13℃的温度下，子实体生长慢，质地紧密，口感滑嫩，品质佳。出菇期间，温度若超过 20℃，子实体开伞快，菇体发黄，组织疏松，口感下降（王志军和张水旺，2003）。

ii. 湿度

白灵菇的培养料含水量以 60%～65%为宜。菌丝生长阶段，空气相对湿度应控制在 70%左右，过高容易滋生杂菌。原基分化阶段，空气相对湿度应提高到90%～95%。子实体发育期间，相对湿度以 85%～90%为宜。高湿易烂菇，反之，菌盖龟裂，商品率下降（岳诚等，2019）。

iii. 光照

菌丝生长阶段不需要光照，光照过强会抑制菌丝的生长。发菌期间见光过多，还易在培养基表面形成菌皮，不仅消耗营养，而且影响出菇。但白灵菇子实体的分化和发育阶段需要 200～500lx 散射光刺激。黑暗条件下，原基难以形成和分化。若光照不足，易形成盖小柄长的畸形菇。

iv. 空气

白灵菇是好气型真菌，菌丝和子实体生长都要求有新鲜的空气。特别是子实体形成和发育阶段，通风量要大。若氧气不足，子实体难以形成，已形成的子实体会变得柄长盖小，甚至不长菌盖，形成拳头状或柱状的畸形菇。

v. 酸碱度

自然生长的白灵菇，其土壤 pH 为 7.85 左右。研究表明，白灵菇的菌丝可在 pH 为 5～11 的基物上生长，最适 pH 为 5.5～6.5。在配制培养基时，一般将 pH 调至 7～8。

6.4.3 工厂化栽培技术

1. 白灵菇生产工艺流程

白灵菇工厂化栽培厂址选择应符合 Q/320903AFR 006—2018 的要求。白灵菇工厂化栽培厂房布局和结构设计应符合 Q/320903AFR 004—2018 的要求。

白灵菇工艺流程为：原料采购、预处理→原料配制→装瓶→灭菌→接种→发菌培养→低温刺激→出菇管理→采收→挖瓶→分级包装。

2. 设施与设备

白灵菇工厂化生产要用标准化厂房和标准化生产线。根据白灵菇的工厂化生产工艺，设计为搅拌室、装瓶操作室、杀菌室、冷却室、接种室、培养室、搔菌室、生育室、包装室、挖瓶室和冷藏室及垃圾回收处理室。首先确定生产规模和生产品种，拟定设备方案，之后需严格计算设备的放置空间面积，适当调整菌种生产瓶数及堆放位置、面积等。具体设施设备参照图 6-20。

3. 栽培管理

1）培养料的配制

i. 培养料种类

工厂化生产白灵菇，常用的主料有棉籽壳、玉米芯、木屑等，辅料主要有麸皮、玉米粉、石灰粉、石膏粉等（杨淑云，2017）。

ii. 培养料新鲜度及粗细度

培养料新鲜度及粗细度参见 NY/T 1935—2010。

iii. 培养料配比

白灵菇培养料的碳氮比为（20～40）∶1，一般以 30∶1 为宜。由于所用原料的营养成分种类及含量不尽相同，工厂化生产中的原料配比也不尽相同，应根据实际的用料情况进行科学合理配比。

图 6-20　白灵菇工厂平面图（彩图请扫封底二维码）

配方一：棉籽壳 40%、木屑 20%、玉米芯 20%、麸皮 13%、玉米粉 5%、过磷酸钙 1%、石膏粉 1%。

配方二：棉籽壳 79%、麸皮 18%、蔗糖 1%、石膏粉 2%。

配方三：棉籽壳 30%、木屑 20%、玉米芯 20%、麸皮 23%、玉米粉 5%、石灰粉 1%、石膏粉 1%。

配方四：棉籽壳 60%、阔叶树木屑 22%、麸皮 10%、玉米粉 5%、石灰粉 1%、石膏粉 1%、过磷酸钙 1%。

配方五：玉米芯 65%、棉籽壳 20%、麸皮 12%、玉米粉 2%、石灰粉 1%。

2）装瓶（袋）

装袋选用 17cm×35cm 或 17.5cm×40cm 的聚丙烯酰胺菌袋，采用双冲压自动装袋机装袋，每袋干料重 500～525g，湿重 1200～1250g。料袋中央为中空，离袋底 1cm，袋高 18cm。装料松紧度均匀一致，装料后压实料面并打接种孔 1 个，随手套上塑料环并用棉塞封口。

3）灭菌

灭菌及冷却等注意事项参见第 5 章 5.2 节。

4）接种

参见第 5 章 5.2 节。

5）发菌培养

接好种后，将栽培瓶由机械手整齐摆放于塑料栈板上（10 层，每板 40 筐）。不得用手触碰栽培瓶，运输到培养室指定库位进行发菌培养，同一天接种的栽培瓶不能相邻摆放（间隔 3 天以上）。由于发菌过程中，菌丝生长进行呼吸会产生大量的二氧化碳及热量，需保持培养室内良好的通排风，比较合理的堆放密度为 450～500 瓶/m²。堆放高度为 12～15 层，每区域留通风道。

室温在 22～25℃、空气相对湿度在 65%以下，闭光培养 10 天左右进行查看，检查杂菌污染状况；3～4 周后菌丝生长旺盛，耗氧量大，需要松动袋口，给底部菌丝通气供氧；5 周后可进行第 2 次查看，待全部满袋后转入出菇阶段。

与其他大多数食用菌不同的是，白灵菇菌丝长满基质后，不会立即出菇，而是需要一段较长时间的生理后熟期。后熟期的长短与品种的种性有关，同时也与发菌期温度的高低有关。菌丝后熟培养非常重要，只有当料内菌丝达到生理成熟后，白灵菇才能正常出菇。后熟期应将温度控制在 18～25℃，空气相对湿度保持在 70%，适当给予少量的散射光。在此条件下继续培养 35～40 天，菌丝即可达到生理成熟（张子荣，2015）。

6）搔菌工艺

参见第 5 章 5.2 节。以点搔为主。

7）出菇管理

搔菌后将菌种移入低温处理室，不仅可加快原基形成，而且能够使大部分菌袋现蕾一致。菌丝生理成熟后，需要经过一个低温刺激期，即将温度设定为 0～4℃，持续 8～10 天，迫使原基分化和菇蕾发生。然后进入催蕾期，温度设定为 13℃，室内空气相对湿度保持在 85%～95%，光照强度为 500lx，加大新风保证氧气充足，诱导白灵菇原基形成（图 6-21）。

在原基形成期，温度应控制低一些，以 8～12℃为宜，空气相对湿度为 85%～95%，空气新鲜，氧气充足，光照 500lx；当原基长度达到 1～2cm 时，开始进行疏蕾，每个菌瓶仅留 1 个健壮菇蕾；疏蕾后二氧化碳浓度急剧上升，此时应注意调整通风时间，使二氧化碳浓度控制在 1000mg/L，增加光照强度到 800lx，温度控制在 10～12℃，空气相对湿度为 90%。

在子实体发育期，培养室温度应控制在 5～20℃，低于 5℃时生长停止，高于 20℃时子实体易发黄腐烂。适宜于子实体发育的温度是 8～15℃，低于 8℃菌柄粗长，高于 15℃菌盖易反卷，最适于形成盖大柄小优质菇的温度是 12～13℃。

图 6-21　白灵菇搔菌后出菇（彩图请扫封底二维码）
a. 1 天；b. 5 天；c. 10 天；d. 12 天

空气相对湿度宜控制在 85%～90%，低于 80% 时菌盖容易龟裂，湿度过高则容易使子实体发黄萎蔫或腐烂。注意不要将水直接喷在子实体上，以免引起感染或者子实体软腐，降低商品价值。可通过向地面喷水增加空气湿度，同时进行通风换气，控制二氧化碳含量为 1000～1500mg/L。若通风不足，易出现菌柄粗、菌盖小的畸形菇。光照强度应控制在 800～1200lx。

8）采收

白灵菇的菌盖直径为 7～15cm，菌柄长度为 2～3cm，边缘出现内卷，且未散射孢子时，即可进行采收（图 6-22）。采收时，用手握住子实体菌柄基部，旋转拧下或沿基部切下，4～5 天采收完毕。如采收偏早，则产量低；采收偏迟，则品质差。工厂化白灵菇生产中，一般只采收一次，生物学效率为 40%～55%。

图 6-22　白灵菇生育室出菇（彩图请扫封底二维码）

如图 6-23 所示，此时的白灵菇即可采收。采收后，将装在筐内的子实体及时运至 0～1℃预冷间，预冷 15～20h，将预冷后的子实体运至包装车间，削去菌柄基部的菇渣及残次部分，再按照子实体大小和品质进行分级。一般单菇质量 150g 以上为一级，菇体越大，价格越高。用吸水纸将子实体包好，放入泡沫塑料箱内，边包装，边入冷藏室。将包装的白灵菇存放于 0～3℃条件下冷藏。冷藏温度不能过低，温度过低会产生冷害或冻害。

图 6-23　成品白灵菇（彩图请扫封底二维码）

【思考题】

1. 简述红平菇生活史。

2. 红平菇常规栽培如何进行出菇管理？

3. 试比较红平菇常规栽培和工厂化生产的异同点。

4. 红平菇工厂化生产需要哪些设备？其功能与作用是什么？

5. 简述红平菇工厂化生产的工艺流程。

6. 分别将金针菇、杏鲍菇、白灵菇带入上述问题中，进行简要回答。

主要参考文献

包海鹰. 2005. 菌物生药学——一个充满生机的边缘学科[J]. 菌物研究, (1): 43-45.

曹家树, 申书兴. 2001. 园艺植物育种学[M]. 北京: 中国农业大学出版社.

常堃. 2014. 双单杂交技术在金针菇工厂化优良栽培菌株选育的应用[D]. 武汉: 华中农业大学硕士学位论文.

常淑梅, 彭超, 肖爱华, 等. 2010. 花生四烯酸产生菌高山被孢霉的复壮研究[J]. 食品科技, 35(6): 2-6.

车国平. 2015. 食用菌厂房空调设计的若干参数及节能设计刍议[J]. 中国食用菌, 34(5): 34-36, 40.

陈炳智, 傅俊生, 龙莹, 等. 2017. 基于担孢子形成过程四分体随机分离规律揭示草菇的有性生活史[J]. 菌物学报, 36(4): 466-472.

陈明杰, 余智晟, 范萍, 等. 2000. 草菇组织分离物的遗传变异研究[J]. 食用菌学报, (1): 11-14.

陈平. 2008. 粗毛栓菌和蜡样芽孢杆菌及其共固定对 Pb^{2+}、Cu^{2+} 的吸附研究[D]. 雅安: 四川农业大学硕士学位论文.

陈青, 潘孟乔. 2011. 工厂化食用菌发展优势、制约因素及对策建议[J]. 食药用菌, (4): 5-7.

陈文杰, 冀宏, 韩韬. 2005. 灵芝造型工艺栽培技术研究[J]. 食用菌, (2): 34-35.

陈新森. 2015. 山区食用菌产业转型发展的新路径[J]. 食药用菌, 23(1): 24-27.

陈旭健. 2000. 常用灭菌法操作中常见错误的分析及对策[J]. 玉林师范高等专科学校学报, (3): 75-77.

陈珣, 杨镇, 曹君, 等. 2017. 人参内生菌提取物对硝酸盐胁迫下番茄幼苗生长及氮代谢相关指标的影响[J]. 江苏农业学报, 33(5): 1111-1116.

陈艳琦, 简冰, 孙晓仲, 等. 2020. 玉米粉添加量对玉木耳室内栽培的影响[J]. 分子植物育种, 18(1): 340-346.

陈越渠. 2007. 吉林老爷岭大型真菌多样性研究[D]. 长春: 吉林农业大学硕士学位论文.

程莉. 2007. 平菇交配型因子组合的准确鉴定[D]. 武汉: 华中农业大学硕士学位论文.

池玉杰, 伊洪伟, 刘智会. 2007. 红平菇菌株 H1 的培养特性与营养成分分析[J]. 东北林业大学学报, (1): 53-57.

代欢欢, 李长田. 2015. 瘦柄红石蕊次生代谢产物Biruloquinone的抗氧化作用研究[J]. 菌物研究, 13(1): 35-40.

杜娟. 2020. 工厂化生产食用菌的成本管控体系[J]. 中国食用菌, 39(5): 144-147.

杜秀菊. 2005. 神经致幻型毒菌205(Psilocybe sp.)的初步鉴定及生物学特性研究[D]. 济南: 山东大学硕士学位论文.

范冬雨, 贾传文, 吴楠, 等. 2019. 混料设计优化玉木耳的木屑栽培配方[J]. 食用菌学报, 26(4): 57-63.

范冬雨, 李可心, 赵震宇, 等. 2021. 人工林木屑栽培玉木耳的营养成分及重金属含量分析[J].

中国食用菌, 40(02): 42-46.冯云利, 郭相, 邰丽梅, 等. 2013. 食用菌种质资源菌种保藏方法研究进展[J]. 食用菌, 35(4): 8-9, 17.

付超, 周雪玲. 2007. 阿魏侧耳优良菌种选育及高产优质栽培技术研究[J]. 北方园艺, (4): 232-234.

高峰. 2004. 人类基因短编码区识别及冠状病毒酶切位点预测[D]. 天津: 天津大学硕士学位论文.

高弘. 2005. 生物催化生产十三碳二元酸中 β-氧化途径的代谢调控[D]. 北京: 清华大学硕士学位论文.

高平, 商永加, 夏小蔓. 2012. 金针菇的工厂化栽培[J]. 食药用菌, 20(6): 364-366.

关国华, 李颖, 林秀萍, 等. 2000. 棉花枯萎病菌异核体不同核型分离子表观特性及其核DNA的RAPD 分析[J]. 菌物系统, (4): 504-508.

管道平, 胡清秀. 2010. 食用菌工厂化生产的节能分析[J]. 食用菌, 32(1): 1-3.

郭国雄, 龙明树, 张绍刚. 2007. 贵州省食用菌产业现状及发展对策[J]. 中国食用菌, (5): 61-63.

郭美英. 2000. 中国金针菇生产[M]. 北京: 中国农业出版社.

杭群. 2002. 高血压中西医双效自疗手册[M]. 沈阳: 辽宁科学技术出版社.

郝林. 2001. 食品微生物学实验技术[M]. 北京: 中国农业出版社.

郝兴霞. 2016. H 公司黄伞菌工厂化生产基地建设项目可行性研究[D]. 济南: 齐鲁工业大学硕士学位论文.

贺新生, 张玲, 康晓慧, 等. 2003. 试管出菇法测定刺芹侧耳的交配系统[J]. 菌物系统, (2): 329-334.

胡繁荣, 范爱兰, 贾春蕾, 等. 2013. 靖泰 1 号灵芝栽培技术[J]. 现代农业科技, (24): 113-114.

胡清秀, 管道平, 延淑杰, 等. 2010. 白灵菇产业发展现状、问题及对策[J]. 中国农业资源与区划, 31(5): 71-76.

胡清秀, 张金霞, 廖超子. 2006. 食用菌对工农业废弃物的循环利用[C]//中国农学会. 循环农业与新农村建设——2006 年中国农学会学术年会论文集. 北京: 中国农学会: 514-518.

胡润芳, 薛珠政. 2005. 白灵侧耳菌丝营养生理特性研究[J]. 食用菌学报, (3): 21-26.

黄建春, 钱益芳, 蒋其根. 2003. 上海设施化栽培食用菌技术应用及发展趋势[J]. 食用菌, (4): 3-4.

黄亮, 王玉, 班立桐, 等. 2014. 杏鲍菇枝条栽培种的应用及效果研究[J]. 北方园艺, (12): 122-124.

黄年来. 1984. 菌种的退化、老化和复壮[J]. 食用菌, (3): 1-3.

黄伟. 2010. 现代集成技术工程应用与我国食用菌工厂化生产[C]//中国菌物学会, 云南省供销合作社. 首届中国蕈菌与健康高峰论坛论文集. 昆明: 中国菌物学会、云南省供销合作社: 138-148.

黄毅. 2003. 食用菌工厂化设施栽培的问题与对策[J]. 食用菌, (6): 2-4.

黄毅. 2009. 金针菇工厂化栽培现状与对策[J]. 食用菌, 31(6): 3-5.

黄毅. 2013. 工厂化杏鲍菇栽培出菇阶段常见问题分析[J]. 食药用菌, 21(4): 204-207.

黄毅. 2018. 谈配制食用菌培养料时的 pH 控制[J]. 食药用菌, 26(1): 30-34.

黄毅, 林金盛. 2017. 投资食用菌行业需思考的问题[J]. 食药用菌, (5): 280-283.

贾身茂, 王瑞霞. 2018. 民国时期香菇的段木栽培及技术改良述评(二)[J]. 食药用菌, 26(2):

115-120.

蒋磊. 2016. 农户对秸秆的资源化利用行为及其优化策略研究[D]. 武汉: 华中农业大学博士学位论文.

康林芝, 林俊芳, 黄秀琴, 等. 2013. 紫杉烯合酶基因遗传转化金针菇的研究[J]. 食品工业科技, 34(2): 190-193.

康曼. 2007. 一株丝状真菌的分类鉴定及特性研究[D]. 太原: 山西大学硕士学位论文.

康亚男, 钟月金, 练明忠, 等. 1992. 中国香菇交配型和基因型的分析[J]. 真菌学报, (4): 314-323.

李安政, 林芳灿. 2006. 香菇交配型因子次级重组体的鉴定[J]. 菌物研究, (3): 20-26.

李长田, 刁盈盈, 毛欣欣, 等. 2012a. 松茸液态发酵菌丝生长量因子的研究[J]. 菌物学报, 31(2): 229-234.

李长田, 刁盈盈, 于永辉, 等. 2012b. 发酵培养松茸菌丝体营养成分分析[J]. 食品科学, 33(22): 221-224.

李长田, 刘兵, 刘留, 等. 2016a. 移动采摘吊带式出菇架: CN201521056289.5[P]. 2015-12-17.

李长田, 刘兵, 刘留, 等. 2016b. 黑木耳工厂化出菇装置: CN201510947850.7[P]. 2015-12-17.

李长田, 刘兵, 刘留, 等. 2019b. 一种菇类栽培用洒水装置: CN201821988417.3[P]. 2018-11-29.

李长田, 刘兵, 刘留, 等. 2019c. 一种节能型食用菌工厂用加湿装置: CN201821948967.2[P]. 2018-11-23.

李长田, 刘兵, 刘留, 等. 2019d. 一种食用菌工厂用栽培喷水设备: CN201821989559.1[P]. 2018-11-29.

李长田, 刘兵, 刘留, 等. 2019e. 一种食用菌培养室用灭虫装置: CN201821949777.2[P]. 2018-11-23.

李长田, 刘兵, 刘留, 等. 2019f. 一种用于菌菇的微循环模拟装置: CN201821383047.0[P]. 2018-08-24.

李长田, 刘兵, 刘留, 等. 2019g. 一种用于菌菇房内环境模拟设备的防震装置: CN201821383050.2[P]. 2018-08-24.

李长田, 刘兵, 刘留, 等. 2019h. 一种食用菌工厂生长室: CN201821949757.5[P]. 2018-11-23.

李长田, 谭琦, 边银丙, 等. 2019a. 中国食用菌工厂化的现状与展望[J]. 菌物研究, 17(1): 1-10.

李慧, 兰时乐. 2013. 黑木耳液体发酵产胞外多糖条件的研究[J]. 安徽农业科学, 41(19): 8100-8102.

李佳昕. 2020. 真空冷冻干燥技术在生物制药方面的应用[J]. 化工设计通讯, 46(1): 216, 218.

李明, 哈保茹, 刘殿林. 1995. T-红平菇生物学特性的研究[J]. 食用菌, (4): 18-19.

李响, 雷泽夏, 王睿智. 2015. 浅议转基因种子对中国粮食安全的影响[J]. 食品安全导刊, (36): 52.

李雪飞, 宋冰, 李玉. 2019. 食用菌病毒的研究进展[J]. 微生物学报, 59(10): 1841-1854.

李彦忠. 2007. 沙打旺黄矮根腐病(*Embellisia astragali* sp. nov. Li & Nan)的研究[D]. 甘肃: 兰州大学博士学位论文.

李玉. 2008. 中国食用菌产业现状及前瞻[J]. 吉林农业大学学报, (4): 446-450.

李玉, 卢敏. 2009. 食用菌产业战略地位及可持续发展的原则和方向[C]//中国食用菌协会. 全国小蘑菇新农村建设总结表彰会暨2009年中国(聊城)食用菌可持续发展战略高峰论坛论文集. 聊城: 中国食用菌协会: 253-266.

李玉, 于海龙, 周峰, 等. 2011. 光照对食用菌生长发育影响的研究进展[J]. 食用菌, 33(2): 3-4.

李育岳, 汪麟. 1985. 食用菌菌丝营养代谢初探[J]. 食用菌, (6): 32-33.

李正鹏. 2010. 杏鲍菇工厂化栽培培养料理化性质研究[D]. 上海: 上海海洋大学硕士学位论文.

林标声, 胡晓冰, 张苑, 等. 2013. 红平菇生产栽培中光质、光照条件研究[J]. 东北农业大学学报, 44(5): 42-46.

林范学, 李宏盛, 冯磊, 等. 2013. 交配型对香菇单、双核菌丝体菌丝生长速度的影响[J]. 上海农业学报, 29(5): 15-22.

林静, 李宝筵. 2007. 培养料物理特性对食用菌生产的动态影响[J]. 农机化研究, (5): 147-150.

林兴生. 2013. 菌草产业发展的几个关键技术研究[D]. 福州: 福建农林大学博士学位论文.

刘兵, 李剑, 陈红琴, 等. 2014. 瓶栽白灵菇生育间菇架结构: CN201410208058.5[P]. 2014-08-06.

刘海英, 董月香, 周廷斌, 等. 2003. 食用菌菌种的退化及复壮[J]. 食用菌, (6): 16-17.

刘化民. 1984a. 食用菌遗传种 第四讲 不亲和性与交配系统[J]. 食用菌, (4): 39-40.

刘化民. 1984b. 食用菌遗传种 第一讲 遗传和遗传物质[J]. 食用菌, (1): 38-41.

刘景圣, 郑明珠, 蔡丹, 等. 2005. 长白山地区蜜环菌菌种的分离与筛选[J]. 食品科学, (7): 82-85.

刘克均, 殷恭毅. 1983. 人防地道中栽培平菇出现畸形菇的原因及控制措施[J]. 南京农业大学学报, 6(4): 49-55.

刘昆昂, 刘萌, 张根伟, 等. 2019. 金针菇遗传育种研究进展[J]. 江苏农业科学, 47(14): 18-22.

刘淼. 2014. 新疆野生分布的黄伞和褐顶环柄菇的生长适应特征[D]. 乌鲁木齐: 新疆农业大学硕士学位论文.

刘明广, 丁寅寅, 杨永学, 等. 2018. 猴头菇菌渣有机肥在大豆种植上施用效果研究[J]. 中国食用菌, 37(1): 65-67.

刘明广, 张新红, 龚雪梅, 等. 2015. 玉米秸秆栽培红平菇试验[J]. 中国食用菌, 34(1): 37-39.

刘乃旭, 颜正飞, 何欣, 等. 2016. 不同搔菌方式对杏鲍菇菌丝恢复的影响研究[J]. 食药用菌, 24(4): 252-255.

刘平挺, 樊卫国, 徐彦军, 等. 2007. 白灵菇研究进展[J]. 种子, (5): 55-58.

刘士旺. 2009. 我国食用菌产业发展与研究动态[J]. 中国食用菌, 28(1): 60-61.

刘文科, 杨其长. 2013. 食用菌光生物学及 LED 应用进展[J]. 科技导报, 31(18): 73-79.

卢敏, 李玉. 2005. 吉林省食用菌产业发展现状和战略分析[J]. 吉林农业大学学报, 27(2): 229-232, 236.

卢敏, 李玉. 2012. 中国食用菌产业发展新趋势[J]. 安徽农业科学, 40(5): 3121-3124, 3127.

卢绪志. 2017. 金针菇和杏鲍菇尿嘧啶营养缺陷型菌株的筛选与分子鉴定[D]. 上海: 上海海洋大学硕士学位论文.

罗茂春, 林标声, 林跃鑫. 2012. 光质对红平菇菌丝体和子实体生长发育的影响[J]. 食品工业科技, 33(8): 188-190.

罗卿权, 徐颖, 刘美. 2012. 红瑞木溃疡病病原菌的鉴定[J]. 植物保护, 38(4): 115-117, 123.

吕灿良. 1983. 浅谈"生物的生殖和发育"一章的复习[J]. 生物学通报, (2): 41-47.

马红英, 杨明挚, 张汉波, 等. 2013. 青头菌的分离纯化及 ITS 序列鉴定[J]. 中国食用菌, 32(3): 41-43.

马银鹏. 2012. 环境因子对白灵侧耳原基形成的影响研究[D]. 北京: 中国农业科学院硕士学位论文.

马元伟, 王荣, 高强, 等. 2017. 外源氨基酸的添加对恢复或预防丝状真菌退化的研究[J]. 生物学杂志, 34(2): 108-111.

孟庆国, 王志, 邓春海, 等. 2002. 食用菌病虫害综合防治技术要点[J]. 微生物学杂志, (2): 60-61.

孟艳. 2011. 小麦秸秆源平菇多糖的制备及其生物学作用的研究[D]. 扬州: 扬州大学硕士学位论文.

闵航. 2005. 微生物学实验 实验指导分册[M]. 杭州: 浙江大学出版社.

牟川静, 曹玉清, 马金莲. 1987. 阿魏侧耳一新变种及其培养特征[J]. 真菌学报, (3): 71-78.

彭卫红, 肖在勤, 甘炳成. 2001. 金针菇转核育种研究[J]. 食用菌学报, (3): 1-5.

乔臣. 2019. 金融支持食用菌栽培业发展的探讨[J]. 中国食用菌, 38(8): 126-128.

邱桂根. 2003. 日本松、杉木屑堆制处理技术[J]. 食用菌, (3): 39.

曲晓华. 2004. 桑多孔菌的培养性状及其生理活性物质的研究[D]. 苏州: 苏州大学硕士学位论文.

任淑花, 卢新卫. 2008. 基于层次分析法的陕西省环境保护成效评价[J]. 干旱区研究, (1): 151-154.

任羽. 2018. 浓香型白酒丢糟栽培食用菌应用研究[D]. 成都: 西华大学硕士学位论文.

上海蔬菜食用菌行业协会. 2012. 2011年我国食用菌工厂化产业发展的研究[J]. 食药用菌, 20(3): 128-133.

盛春鸽. 2012. 白黄侧耳(*Pleurotus cornucopiae*)子实体颜色遗传规律及颜色性状分子标记的研究[D]. 长春: 吉林农业大学硕士学位论文.

宋冰, 付永平, 郭昱秀, 等. 2017. 一株野生侧耳属菌株的鉴定及生物学特性[J]. 北方园艺, (24): 182-188.

宋春艳, 刘德云, 尚晓冬, 等. 2010. 香菇杂交新品种'申香16号'[J]. 园艺学报, 37(11): 1887-1888.

宋卫东, 王明友, 肖宏儒, 等. 2011. 我国食用菌工厂化生产技术[J]. 中国农机化, (6): 80-82, 86.

孙佩韦. 2007. 桑枝食用菌培养基自动化生产线的优化设计[D]. 南京: 南京林业大学硕士学位论文.

谭爱华. 2018. 利用农作物秸秆栽培大球盖菇技术要点[J]. 食用菌, 40(4): 51-52.

唐木田郁夫, 王建兵. 2018. 中国金针菇工厂化生产中的问题[J]. 食药用菌, 26(1): 23-25.

图力古尔. 2000. 菌物的多样性与地球环境[J]. 吉林农业大学学报, (S1): 65-70.

图力古尔, 李玉. 2001. 我国侧耳属真菌的种类资源及其生态地理分布[J]. 中国食用菌, (5): 8-10.

王亮. 2018. 红平菇的人工培养及其抗氧化活性研究[D]. 长春: 吉林大学硕士学位论文.

王庆煌. 2004. 植物园实施ISO9001和ISO14001标准的实践[M]. 北京: 中国农业出版社.

王瑞娟. 2007. 杏鲍菇工厂化栽培相关参数和生理特性研究[D]. 成都: 西南大学硕士学位论文.

王尚堃. 2007. 白灵菇无公害标准化栽培技术[J]. 江苏农业科学, (3): 191-193.

王晓敏, 吕瑞娜, 黄静, 等. 2019. 不同干燥方式对金针菇品质及多酚氧化酶活性的影响[J]. 食品工业科技, 40(22): 77-81.

王耀荣, 徐全飞, 韩晓芳, 等. 2011. 白灵菇工厂化栽培培养料筛选及栽培工艺的研究[J]. 天津农业科学, 17(3): 118-121.

王耀中, 邓迪斯. 2020. 食用菌企业生产成本管控研究[J]. 中国食用菌, 39(2): 102-104.

王玉华, 苏贵平. 2001. 茶薪菇栽培技术[J]. 食用菌, (1): 30-31.

王玥, 李兆兰, 索菲娅, 等. 2019. 细虫草无性型——羽束梗孢胞内多糖的研究[J]. 中国中药杂志, 44(8): 1704-1709.

王志春, 尤志中, 肖立猛, 等. 2014. 农产品、食品安全监管体制存在的问题与发展对策[J]. 江苏农业科学, 42(10): 480-483.

王志军, 张水旺. 2003. 白灵菇生物特性及高产栽培技术[J]. 食用菌, (S1): 33-34.

文留坤, 刘绍雄, 缪福俊, 等. 2017. 小桐子壳栽培平菇研究[J]. 中国食用菌, 36(1): 19-23.

吴楠, 田风华, 贾传文, 等. 2019. 混料设计优化红平菇菌丝生长的"以草代木"配方[J]. 微生物学通报, 46(6): 1390-1403.

吴星杰. 2007. 生物表面活性剂鼠李糖脂的制备及其对 PCBs 污染土壤的修复[D]. 长沙: 湖南大学硕士学位论文.

吴鹰. 1992. 固氮菌的制备[J]. 现代化工, (2): 55-57.

武金钟, 段学义. 1984. 黑木耳两步法栽培[J]. 食用菌, (4): 21.

谢宝贵, 刘维侠, 王秀全, 等. 2004. 金针菇子实体颜色基因的分子标记[J]. 福建农林大学学报(自然科学版), 33(3): 363-368.

谢福泉. 2010. 鸡腿菇工厂化栽培技术研究与示范[D]. 福州: 福建农林大学硕士学位论文.

谢小梅, 许杨. 2004. 抗真菌中药的作用机理研究进展[J]. 中国中药杂志, (3): 12-14.

熊芳, 朱坚, 邓优锦, 等. 2011. 红平菇(*Pleurotus diamor*)培育条件和栽培技术研究[J]. 江西农业大学学报, 33(5): 1006-1011.

徐德强, 肖义平. 2006. 真菌的分类与命名[J]. 中国真菌学杂志, (1): 54-56.

徐敏. 2012. 单县中小企业发展模式与对策研究[D]. 济南: 山东大学硕士学位论文.

徐雪玲. 2011. 灵芝短段木等距离竖埋栽培及孢子粉采集技术[J]. 食用菌, 33(6): 46-47.

薛茹君. 2008. 无机纳米材料的表面修饰改性与物性研究[D]. 合肥: 合肥工业大学博士学位论文.

严璐. 2017. 金佛山方竹共生外生菌根真菌分离及培养[D]. 贵阳: 贵州大学硕士学位论文.

杨丹. 2016. 担子菌代表性物种线粒体基因组内含子分析及暗褐网柄牛肝菌线粒体基因组研究[D]. 昆明: 云南大学硕士学位论文.

杨国良. 2018. 我国食用菌总产量及工厂化生产问题探讨[J]. 食用菌, 40(6): 14-16.

杨菁, 李洪荣, 蔡丹凤, 等. 2013. 无孢平菇 PK01 菌株的培养特性及营养成分评价[J]. 中国食用菌, 32(4): 17-19.

杨珊珊, 李志超. 1986. 食用菌光温指标研究初报[J]. 农业气象, (2): 46-49.

杨淑云. 2017. 西北地区杏鲍菇工厂化栽培技术要点[J]. 北方园艺, (7): 150-152.

杨燕燕. 2014. 三株特殊生境稀有放线菌次级代谢产物的研究[D]. 厦门: 厦门大学硕士学位论文.

杨舟. 2018. TGEV 感染 IPEC-J2 细胞通过 EGFR/ERK 通路调控 NHE3 动态运输的机制研究[D]. 重庆: 西南大学硕士学位论文.

姚方杰. 2002. 金顶侧耳基因连锁图谱与双-单交配机制解析及高温型菌株选育研究[D]. 长春: 吉林农业大学博士学位论文.

姚方杰, 张友民, 李玉. 2005. 白灵侧耳(白灵菇)交配系统特性的研究[J]. 菌物学报, (4): 69-72.

叶建强, 宋冰, 李玉, 等. 2019. 灰树花秸秆栽培基质配方的优化[J]. 菌物研究, 17(1): 50-56.

叶振凤, 吴湘琴, 吕冠华, 等. 2015. 梨树腐烂病的病原菌鉴定和化学药剂筛选[J]. 华中农业大学学报, 34(2): 49-55.

易文裕, 卢营蓬, 王攀. 2018. 四川食用菌加工产业发展现状及建议[J]. 食药用菌, 26(6): 350-353.

殷勤燕, 陈宗泽, 袁毅, 等. 1995. 平菇菌盖超微结构的研究[J]. 食用菌学报, (3): 43-46.

于海龙, 吕贝贝, 陈辉, 等. 2014. 基于食用菌的固体有机废弃物利用现状及展望[J]. 中国农学通报, 30(14): 305-309.

余荣, 周国英, 刘君昂. 2006. 双孢蘑菇设施化栽培的研究[J]. 中国食用菌, (2): 9-12.

岳诚, 马静, 邱彦芳. 2019. 裂褶菌生物学特性及栽培研究现状[J]. 食药用菌, 27(2): 117-121.

张博森, 赵汗青, 高峰. 2019. 棉花黄萎病菌细胞壁几丁质和壳聚糖构成分析[J]. 石河子大学学报(自然科学版), 37(4): 435-439.

张晨. 2018. 杏鲍菇菌丝体多糖的分离纯化及抗衰老、抗糖尿病活性分析[D]. 济南: 山东农业大学博士学位论文.

张春凤, 郑焕春, 汝守华, 等. 2010. 黑龙江省食用菌产业技术路线图[J]. 食用菌, 32(6): 1-4.

张剑刚, 龚光禄, 桂阳, 等. 2013. 杏鲍菇、姬菇及茶树菇优良菌株的筛选[J]. 贵州农业科学, 41(3): 33-39.

张进武. 2016. 黑龙江省伊春地区大型真菌资源初步研究[D]. 长春: 吉林农业大学硕士学位论文.

张晶, 张园园. 2018. 大杯蕈菌丝对不同碳氮源利用的对比研究[J]. 食用菌, 40(1): 18-20, 27.

张军. 2013. 温室环境系统智能集成建模与智能集成节能优化控制[D]. 上海: 上海大学博士学位论文.

张疏雨, 朱巍巍, 陈飞, 等. 2016. 酯酶同工酶技术在杏鲍菇杂种优势预测中的应用研究[J]. 食用菌, 38(3): 16-20, 23.

张顺, 刘彬, 刘佳豪, 等. 2016. 秀珍菇栽培技术改良[J]. 安徽农业科学, 44(36): 63-64, 67.

张新新, 黄文清, 刘娟. 2011. 食用菌产品消费需求分析——基于湖南与黑龙江两省的调查[J]. 中国蔬菜, (05): 14-17.

张引芳. 2001. 金针菇工厂化生产工艺技术[C]//中国菌物学会, 中国食用菌协会, 福建省食用菌学会, 等. 全国第6届食用菌学术研讨会论文集. 福州: 中国菌物学会: 215-216.

张云川, 赵美华, 吴晗, 等. 2009. 湿冷菇房设计与湿度控制研究[J]. 食用菌, 31(5): 76-77.

张志军, 刘建华. 2004. 食用菌类食品的开发利用[J]. 食品研究与开发, (1): 19-22.

张智猛, 万书波, 戴良香, 等. 2003. 花生铁营养状况研究[J]. 花生学报, (S1): 361-367.

张娟, 王镭, 张引芳. 1992. 无菌蒸馏水长期保藏菌种研究[J]. 食用菌, (6): 13.

张子荣. 2015. 滑菇长袋栽培技术要点[J]. 食药用菌, 23(2): 116-117.

赵德钦, 李金怀, 秦文弟. 2015. 不同培养基栽培红灵芝试验[J]. 食用菌, 37(4): 27-29.

赵立伟, 王积玉, 李淑杰. 2007. 平菇高产栽培技术[J]. 北方园艺, (6): 237-238.

赵姝娴, 林俊芳, 王杰, 等. 2007. 安全选择标记的转基因食用菌研究进展[J]. 食用菌学报, (1): 55-61.

赵武奇. 1994. 香菇干制机理探讨[J]. 食品科技, (6): 23-24.

浙江省标准计量管理局. 1990. 食、药用菌菌种质量标准——浙江省地方标准[J]. 中国食用菌, (6): 6-8.

郑静瑜, 郑琼珊. 2010. 高山地区杏鲍菇高效培育技术[J]. 中国食用菌, 29(6): 61-62.

郑爽, 李长田, 李玉. 2014. 松茸菌丝体美白抗氧化特性的研究[J]. 中国食用菌, 33(4): 50-54.

周会明. 2011. 杨柳田头菇生活史及分类地位研究[D]. 昆明: 昆明理工大学硕士学位论文.

周静. 2004. 稻瘟菌一个菌落生长缓慢突变体的研究[D]. 北京: 中国农业大学硕士学位论文.

邹锋. 2012. 草菇 A 因子及其多态性分析[D]. 福州: 福建农林大学硕士学位论文.

Babu D R, Pandey M, Rao G N. 2012. Antioxidant and electrochemical properties of cultivated *Pleurotus* spp. and their sporeless/low sporing mutants[J]. Journal of Food Science and Technology, 51(11): 3317-3324.

Borges G M, de Barba F F M, Schiebelbein A P, et al. 2013. Extracellular polysaccharide production by a strain of *Pleurotus djamor* isolated in the south of Brazil and antitumor activity on Sarcoma 180[J]. Brazilian Journal of Microbiology, 44(4): 1059-1605.

Burnett J H. 1976. Fundamentals of Mycology[M]. London: Edward Arnold (Publishers).

Copeland H F. 1938. The Kingdoms of Organisms[J]. The Quarterly Review of Biology, 13: 383-420.

Du P, Chen Y Q, Li C T, et al. 2007. Application of random amplified polymorphic DNA analysis in identifying *Phellinus igniarius* strains[J]. Journal of Medical Biochemistry, 26: 289-293.

Greuter W, Turland N J, Wiersema J H. 2016. A proposal relating to infraspecific names (Article 24)[J]. Taxon, 65(4): 905-906.

Hoa H T, Wang C L, Wang C H. 2015. The effects of different substrates on the growth, yield, and nutritional composition of two oyster mushrooms (*Pleurotus ostreatus* and *Pleurotus cystidiosus*)[J]. Mycobiology, 43(4): 423-434.

Jose N, Janardhanan K K. 2000. Antioxidant and antitumor activity of *Pleurotus florida*[J]. Current Science, 79: 941-943.

Kirk P, Cannon P, Minter D, et al. 2008. Ainsworth and Bisby's Dictionary of the Fungi[J]. Quarterly Review of Biology, (3): 418.

Li C T, Liu Y P, He F C, et al. 2012. *In vitro* antioxidant activities of *Tussilago farfara*, a new record species to Changbai Mountain[J]. Chinese Journal of Natural Medicines, 10(4): 260-262.

Li C T, Mao X X, Xu B J. 2013. Pulsed electric field extraction enhanced anti-coagulant effect of fungal polysaccharide from Jew's ear (*Auricularia auricula*)[J]. Phytochemical Analysis, 23(4): 36-40.

Li C T, Yan Z F, Zhang L X, et al. 2014. Research and implementation of good agricultural practice for traditional Chinese medicinal materials in Jilin Province, China[J]. Journal of Ginseng Research, 38(4): 227-232.

Linnaeus C. 1753. Species Plantarum[M]. Holmiae: Impensis Laurentii Salvii.

Lipke P N, Ovalle R. 1998. Cell wall architecture in yeast: new structure and new challenges[J]. Journal of Bacteriology, 180(15): 3735-3740.

Longmore W J, Landau B R, Baker E S, et al. 1968. Effect of pH and CO_2 concentration on glucose metabolism by rat adipose tissue *in vitro*[J]. The American Journal of Physiology, 215(3): 582-586.

Moonmoon M, Uddin M N, Ahmed S, et al. 2010. Cultivation of different strains of king oyster mushroom (*Pleurotus eryngii*) on saw dust and rice straw in Bangladesh[J]. Saudi Journal of Biological Sciences, 17(4): 341-345.

Nguyen T K, Im K H, Choi J, et al. 2016. Evaluation of antioxidant, anti-cholinesterase, and anti-inflammatory effects of culinary mushroom *Pleurotus pulmonarius*[J]. Mycobiology, 44(4): 291-301.

Olufemi A E, Terry A O, Kola O J. 2012. Anti-leukemic and immunomodulatory effects of fungal metabolites of *Pleurotus pulmonarius* and *Pleurotus ostreatus* on benzene-induced leukemia in Wister rats[J]. Korean Journal of Hematology, 47(1): 67-73.

Papadaki A, Kachrimanidou V, Papanikolaou S, et al. 2019. Upgrading grape pomace through *Pleurotus* spp. cultivation for the production of enzymes and fruiting bodies[J]. Microorganisms, 7(7): 207.

Pedri Z C, Lozano L M S, Hermann K L, et al. 2015. Influence of nitrogen sources on the enzymatic activity and grown by *Lentinula edodes* in biomass *Eucalyptus benthamii*[J]. Brazilian Journal of Biology, 75(4): 940-947.

Rezaeian S, Pourianfar H R. 2017. A comparative study on bioconversion of different agro wastes by wild and cultivated strains of *Flammulina velutipes*[J]. Waste and Biomass Valorization, 8(8): 2631-2642.

Sanderson M A, Reed R L. 2000. Switchgrass growth and development: water, nitrogen, and plant density effects[J]. Journal of Range Management, 53(2): 221-227.

Smiderle F R, Olsen L M, Ruthes A C, et al. 2012. Exopolysaccharides, proteins and lipids in *Pleurotus pulmonarius* submerged culture using different carbon sources[J]. Carbohydrate Polymers, 87(1): 368-376.

Song B, Ye J Q, Sossah F L, et al. 2018. Assessing the effects of different agro-residue as substrates on growth cycle and yield of *Grifola frondosa* and statistical optimization of substrate components using simplex-lattice design[J]. AMB Express, 8: 46.

Springer T L, Dewald C L, Sims P L, et al. 2003. How does plant population density affect the forage yield of eastern gamagrass?[J]. Crop Science, 43: 2206-2211.

Stanley H O, Umolo E A, Stanley C N. 2011. Cultivation of oyster mushroom (*Pleurotus pulmonarius*) on amended corncob substrate[J]. Agriculture and Biology Journal of North America, 2(10): 1336-1339.

Uno I, Ishikawa T. 1981. Adenosine 3′,5′-monophosphate-receptor protein and protein kinase in *Coprinus macrorhizus*[J]. Journal of Biochemistry, 89(4): 1275-1281.

Velázquez-Cedeño M A, Mata G, Savoie J M. 2002. Waste-reducing cultivation of *Pleurotus ostreatus*, and *Pleurotus pulmonarius*, on coffee pulp: changes in the production of some lignocellulolytic enzymes[J]. World Journal of Microbiology and Biotechnology, 18(3): 201-207.

Wahab N A A, Abdullah N, Aminudin N. 2014. Characterisation of potential antidiabetic-related proteins from *Pleurotus pulmonarius* (Fr.) Quél (grey oyster mushroom) by MALDI-TOF/TOF mass spectrometry[J]. BioMed Research International, 2014: 1-9.

Wu N, Tian F H, Moodley O, et al. 2019. Optimization of agro-residues as substrates for *Pleurotus pulmonarius* production[J]. AMB Express, 9: 184.

Xu B Y, Li C T, Sung C. 2014. Telomerase inhibitory effects of medicinal mushrooms and lichens, and their anticancer activity[J]. International Journal of Medicinal Mushrooms, 16(1): 17-28.

Xu W, Huang J J, Cheung P C. 2012. Extract of *Pleurotus pulmonarius* suppresses liver cancer development and progression through inhibition of VEGF-Induced PI3 K/AKT signaling pathway[J]. PLoS ONE, 7(3): e34406.

Yan Z F, Lin P, Tian F H, et al. 2016. Molecular characteristics and extracellular expression analysis of farnesyl pyrophosphate synthetase gene in *Inonotus obliquus*[J]. Biotechnology & Bioprocess Engineering, 21(4): 515-522.

Yan Z F, Liu N X, Mao X X, et al. 2014. Activation effects of polysaccharides of *Flammulina velutipes* mycorrhizae on the T lymphocyte immune function[J]. Journal of Immunology Research, 170: 54-62

Zadrazil F. 1975. Die Zersetzung des Stroh-Zellulose-Ligninkomplexes mit *Pleurotus florida* und dessen Nutzung[J]. Journal of Plant Nutrition and Soil Science, 138(3): 263-278.

Zervakis G I, Ntougias S, Gargano M L, et al. 2014. A reappraisal of the *Pleurotus eryngii* complex—New species and taxonomic combinations based on the application of a polyphasic approach, and an identification key to *Pleurotus* taxa associated with Apiaceae plants[J]. Fungal Biology, 118(9-10): 814-834.

Zhang J J, Meng G Y, Zhang C, et al. 2015. The antioxidative effects of acidic-, alkalic-, and enzymatic-extractable mycelium zinc polysaccharides by *Pleurotus djamor* on liver and kidney of streptozocin-induced diabetic mice[J]. BMC Complementary and Alternative Medicine, 15: 440.